もくじ

学習日　　月　　日

身のまわりの物質

整理しよう

解答➡別冊 p.2

1 物質の分類

(1) 炭素をふくみ，燃えると二酸化炭素が発生する物質を何といいますか。（　　　　）

(2) 金属をみがいたときに見られる特有のかがやきを何といいますか。（　　　　）

(3) (1)以外の物質で，金属ではないものを，次の**ア**～**エ**から選びなさい。（　　）

ア　アルミニウム　　**イ**　プラスチック

ウ　エタノール　　**エ**　塩化ナトリウム

(4) 体積が50.0 cm^{3}で質量が448 gである物質の密度は何g/cm^{3}ですか。（　　　　）

2 気体の性質

(1) 二酸化マンガンにうすい過酸化水素水を加えたときに発生する気体は何ですか。（　　　　）

(2) 石灰石にうすい塩酸を加えたときに発生する気体は何ですか。（　　　　）

(3) 亜鉛にうすい塩酸を加えたときに発生する気体は何ですか。（　　　　）

(4) 発生した酸素を集める方法として適当なものを，次の**ア**～**ウ**から選びなさい。（　　）

ア　水上置換法　　**イ**　上方置換法　　**ウ**　下方置換法

(5) 石灰水にふきこむと石灰水が白くにごる気体を，次の**ア**～**エ**から選びなさい。（　　）

ア　酸素　　**イ**　水素　　**ウ**　窒素　　**エ**　二酸化炭素

1

重要 有機物と無機物

有機物…炭素をふくみ，燃えると二酸化炭素が発生する物質。

無機物…有機物以外の物質。

金属と非金属

金属…次の特徴がある物質。

①みがくと金属光沢が見られる。

②電気や熱を通しやすい。

③たたいて広げたり，引っ張ってのばしたりできる。

非金属…金属以外の物質。

重要 密度〔g/cm^3〕

$$\frac{物質の質量〔g〕}{物質の体積〔cm^3〕}$$

2

気体の集め方

水にとけにくい気体

↓

水上置換法

気体　気体

水

水にとけやすい気体

空気より密度が大きい → 下方置換法

空気より密度が小さい → 上方置換法

気体

3 水溶液

(1) 食塩水においての食塩のように，溶液にとけている物質を何といいますか。（　　　　）

(2) 食塩水においての水のように，(1)をとかしている液体のことを何といいますか。（　　　　）

(3) 食塩水のように，(2)が水である溶液を，特に何といいますか。（　　　　）

(4) 20℃の水100gに食塩25gをすべてとかした。このときできた食塩水の質量パーセント濃度は何%ですか。（　　　　）

(5) 物質が，それ以上とけることができなくなるまでとけている水溶液を何といいますか。（　　　　）

(6) 40℃の水100gに硝酸(しょうさん)カリウム40gをとかし，水溶液の温度を20℃に下げた。このとき，とけきれなくなって現れてくる硝酸カリウムの結晶は何gですか。ただし，硝酸カリウムの40℃のときの溶解度は63.9g，20℃のときの溶解度は31.6gである。（　　　　）

4 状態変化

(1) 右の図は，氷を加熱したときの温度変化を表したグラフである。次の問いに答えなさい。

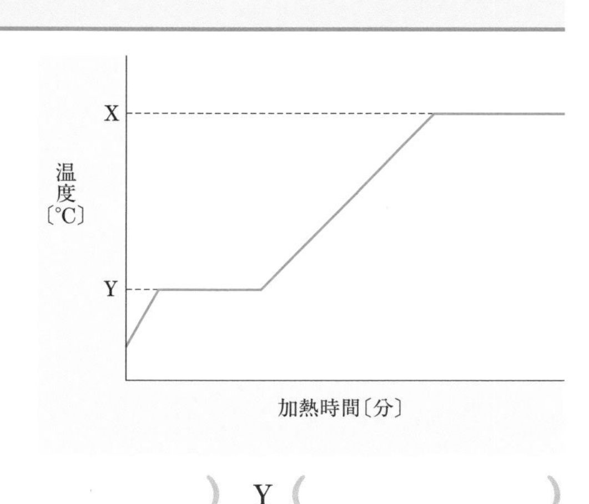

① X，Yの温度は，それぞれ何℃か答えなさい。

X（　　　　）　Y（　　　　）

② Xの温度になったとき，大きなあわがたくさん出ていた。このような状態を何といいますか。（　　　　）

(2) 液体を加熱して(1)の②の状態にし，出てきた気体を冷やして再び液体としてとり出すことを何といいますか。（　　　　）

3

溶質・溶媒(ようばい)・溶液

①**溶質**…溶液にとけている物質。
②**溶媒**…溶質をとかしている液体。
③**溶液**…溶質が溶媒にとけている液。
④**水溶液**…溶媒が水である溶液。

重要 質量パーセント濃度〔%〕

$$\frac{\text{溶質の質量〔g〕}}{\text{溶液の質量〔g〕}}\times 100$$

飽和(ほうわ)水溶液と溶解度

①**飽和水溶液**…物質が，それ以上とけきれなくなることを**飽和**といい，その水溶液を**飽和水溶液**という。
②**溶解度**…100gの水にとけることのできる最大量。温度によって変化する。

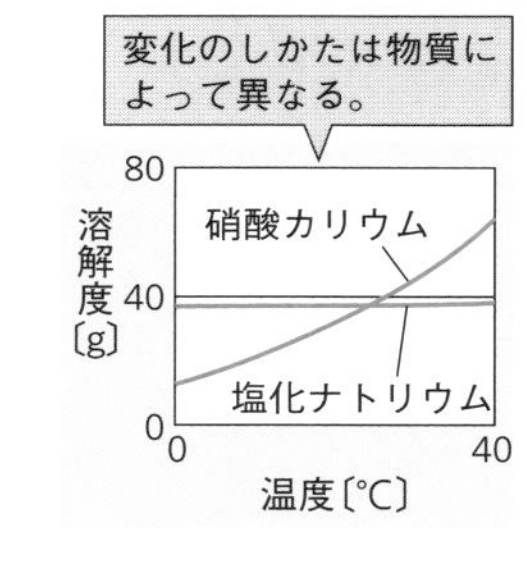

4

重要 物質の状態変化

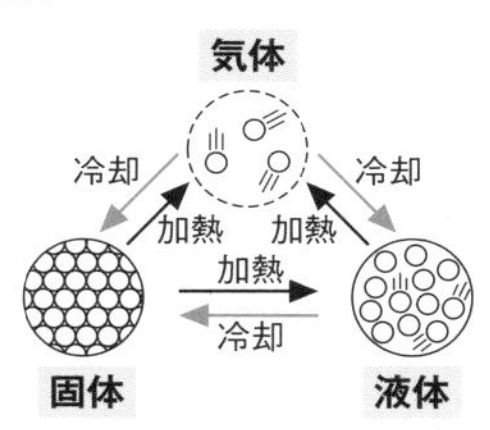

融点(ゆうてん)と沸点(ふってん)

①**融点**…固体が液体に変化するときの温度。
②**沸点**…液体が沸騰(ふっとう)して気体になるときの温度。

1日目 2日目 3日目 4日目 5日目 6日目 7日目 8日目 9日目 10日目

身のまわりの物質

定着させよう

解答➡別冊 p.2

1 質量がいずれも13.5gの３種類の金属A～Cを用意した。次に，図のようにあらかじめ50.0cm³の水を入れておいたメスシリンダーにAを入れ，水中に沈んだときのメスシリンダーの目盛りを読みとった。さらに，B，Cについてもそれぞれ同じように実験を行い，メスシリンダーの目盛りを読みとった。表は，このときの結果をまとめたものである。金属Aの密度をa，金属Bの密度をb，金属Cの密度をcとするとき，a，b，cの関係を表しているものを，**ア**～**カ**から選びなさい。［10点］〈北海道〉

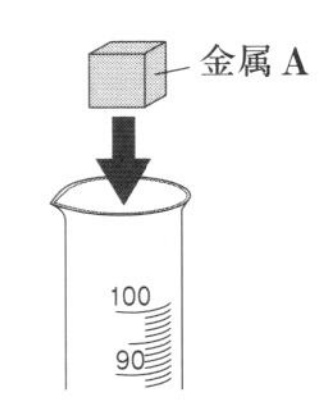

〔　　〕

	金属A	金属B	金属C
読みとった体積〔cm³〕	55.0	51.7	51.5

ア　$a>b>c$　　**イ**　$a>c>b$　　**ウ**　$b>a>c$

エ　$b>c>a$　　**オ**　$c>a>b$　　**カ**　$c>b>a$

2 図１のように，石灰石にうすい塩酸を加えて二酸化炭素を発生させ，ペットボトルに集めた。二酸化炭素の量がペットボトルの半分ぐらいになったところでふたをし，水そうからとり出した。とり出したペットボトルを激しく振ると図２のようにつぶれた。次の問いに答えなさい。　［10点×3］〈鹿児島・改〉

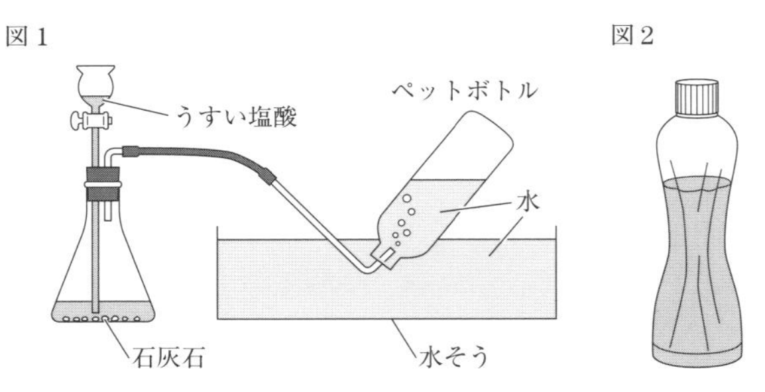

(1) 図１のような気体の集め方を何といいますか。　〔　　〕

(2) 図２のペットボトルから水をとり石灰水に加えると，石灰水は白くにごった。次に，図１の水そうから水をとり石灰水に加えると，石灰水は白くにごらなかった。このことについて述べた次の文中の①，②に適当な語句をそれぞれ答えなさい。

①〔　　〕　②〔　　〕

ペットボトルの水を加えた石灰水が白くにごったのは，ペットボトルの水に(　①　)がとけていたからである。また，水そうからとった水を石灰水に加えたのは，水そうの水に石灰水を白くにごらせる物質がふくまれて(　②　)ことを証明するためである。

3 右の図は，ミョウバン，硝酸(しょうさん)カリウム，塩化ナトリウムについて，水の温度と溶解度の関係を表したグラフである。次の問いに答えなさい。

［15点×2］〈山口〉

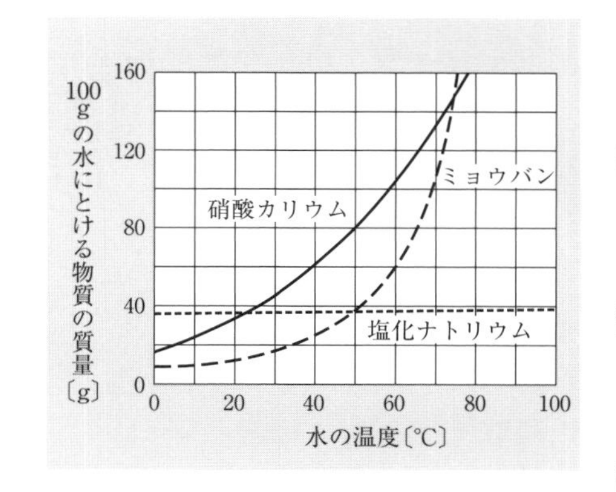

(1) ３つのビーカーに60℃の水を100gずつ入れて用意し，次のA～Cの物質をそれぞれとかして飽和水溶液をつくった。これらの水溶液の温度を10℃まで下げたとき，再び固体として得られる物質の質量が多い順に，A～Cの記号で答えなさい。

〔　　→　　→　　〕

A　ミョウバン　　B　硝酸カリウム　　C　塩化ナトリウム

(2) 水に一度とかした物質を，溶解度の差を利用して，再び固体としてとり出す操作を何といいますか。〔　　〕

4 次の図のように，物質は温度により，姿を変える。あとの問いに答えなさい。

［15点×2］〈島根〉

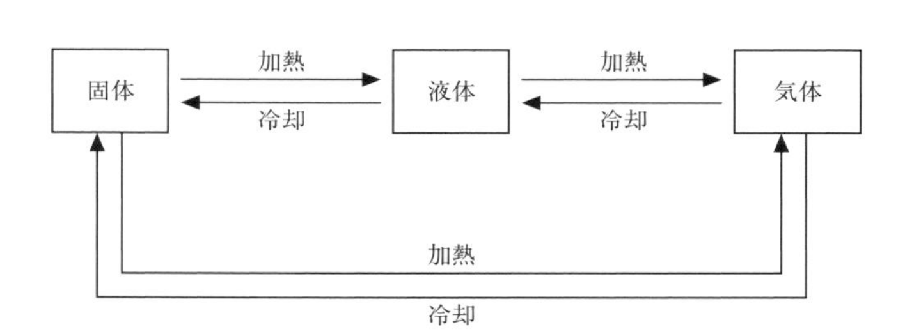

(1) 図と同じように，温度により物質の姿が変わることを何といいますか。

〔　　〕

(2) 次の文は，水が氷に変化するときの，体積と密度について説明したものである。文中の①，②にあてはまる語の組み合わせとして最も適当なものを，あとから１つ選び，記号で答えなさい。〔　　〕

水が氷に変化するとき，体積が(　①　)なるので，密度が(　②　)なる。

	ア	イ	ウ	エ
①	小さく	小さく	大きく	大きく
②	小さく	大きく	小さく	大きく

2日目 化学変化と原子・分子

整理しよう

解答➡別冊 p.3

1 原子と分子

(1) それ以上分割することができない小さな粒を何といいますか。

（　　　　）

(2) (1)がいくつか結びついてできた，その物質の性質を表す最小の粒を何といいますか。（　　　　）

(3) １種類の元素だけからできている物質を何といいますか。

（　　　　）

(4) ２種類以上の元素からできている物質を何といいますか。

（　　　　）

2 化学式

(1) 次の①～④の元素記号を，それぞれ書きなさい。

①（　　）②（　　）③（　　）④（　　）

① 酸素　② 水素　③ 炭素　④ 銅

(2) 次の①～④の物質を表す化学式を，それぞれ書きなさい。

①（　　）②（　　）③（　　）④（　　）

① 水　② 水素

③ 二酸化炭素　④ 塩化ナトリウム

3 化学変化

(1) 炭酸水素ナトリウムを熱分解したときにできる固体・液体・気体を，それぞれ答えなさい。　固体（　　　　）

液体（　　　　）　気体（　　　　）

(2) 酸化銀の熱分解を化学反応式で表しなさい。

（　　　　）

1

重要 原子の性質

化学変化によって，それ以上分割できず，なくなったり，新しくできたり，種類が変わったりしない。また，種類によって質量や大きさが決まっている。

2

元素記号と化学式

元素名	記号
酸素	O
炭素	C
水素	H
銅	Cu
ナトリウム	Na

	物質名	化学式
単体	酸素	O_2
単体	銅	Cu
化合物	二酸化炭素	CO_2
化合物	水	H_2O
化合物	塩化ナトリウム	NaCl

3

重要 炭酸水素ナトリウムの熱分解

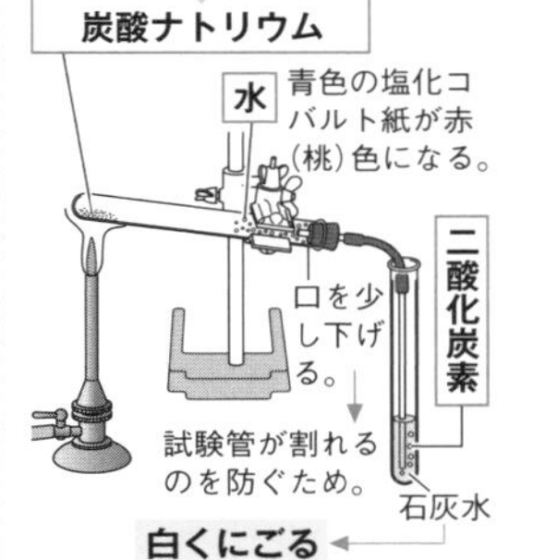

(3) 水を電気分解したとき，陽極で発生する物質と陰極で発生する物質を，それぞれ答えなさい。

陽極（　　　　　　　）　陰極（　　　　　　　）

(4) 鉄粉と硫黄（いおう）の粉末の混合物を加熱したときに起こる化学変化を，化学反応式で表しなさい。

（　　　　　　　　　　　　　　　）

(5) 銅と硫黄が結びついたときにできる物質を何といいますか。

（　　　　　　　）

(6) 物質が酸素と結びつくことを何といいますか。

（　　　　　　　）

(7) (6)によってできる物質を何といいますか。

（　　　　　　　）

(8) (7)が酸素をうばわれる化学変化を何といいますか。

（　　　　　　　）

(9) 酸化銅の粉末と炭素の粉末の混合物を加熱したときに起こる化学変化を，化学反応式で表しなさい。

（　　　　　　　　　　　　　　　）

4 質量保存の法則

下の図のように，密閉容器の中でうすい塩酸と炭酸水素ナトリウムを反応させた。

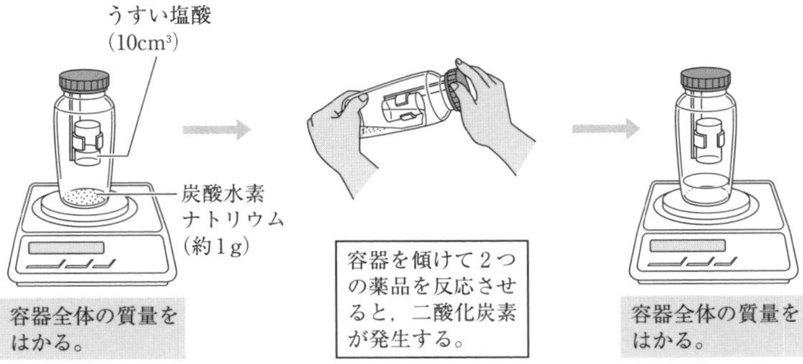

(1) 反応の前後で，容器全体の質量はどのようになるか。次の**ア**～**ウ**から選びなさい。（　　）

ア　大きくなる。　**イ**　小さくなる。　**ウ**　変わらない。

(2) 化学変化の前後で，質量が(1)のようになることを何といいますか。（　　　　　　　）

重要 水の電気分解

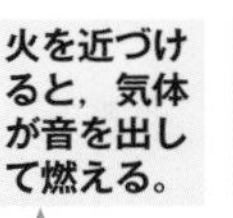

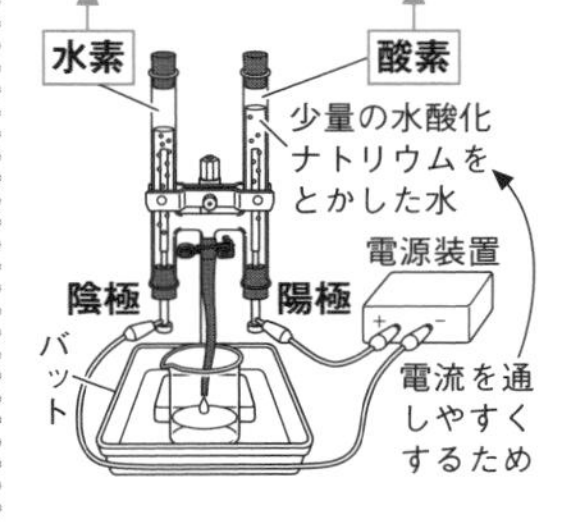

鉄と硫黄の反応

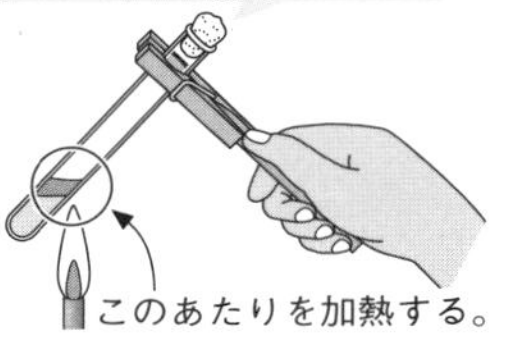

重要 酸化銅の還元

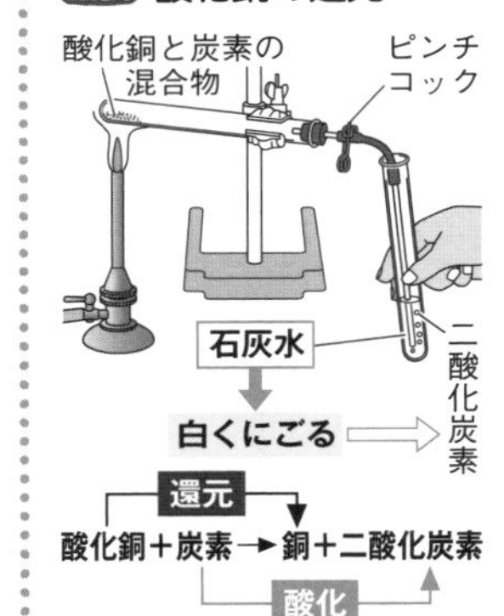

4

沈殿を生じる化学変化

①硫酸＋水酸化バリウム水溶液
⟶硫酸バリウム＋水
（白色沈殿）

②炭酸ナトリウム水溶液＋塩化カルシウム水溶液
⟶炭酸カルシウム
（白色沈殿）
＋塩化ナトリウム

2日目 化学変化と原子・分子

定着させよう

解答➡別冊 p.5

1 図は，酸素と水素が結びついて水ができる反応を原子・分子のモデルを使って表したものである。図からわかることとして最も適するものを，次から１つ選び，記号で答えなさい。

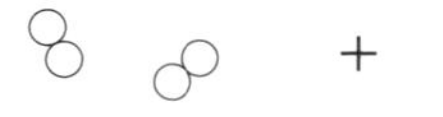

［8点］〈神奈川〉

〔　　　〕

ア 図の○は酸素原子，●は水素原子である。

イ 水素分子と酸素分子と水分子はすべて単体である。

ウ 水分子100個をつくるとき，必要となる酸素分子の数は50個である。

エ 酸素分子の数を変えずに水素分子の数を２倍にすると，できる水分子は２倍になる。

2 炭酸水素ナトリウム3.0gを乾いた試験管に入れ，右の図のような装置を組み立てて加熱した。発生した気体を試験管に集め，ゴム栓(せん)をした。これについて，次の問いに答えなさい。

［7点×4］〈宮崎・改〉

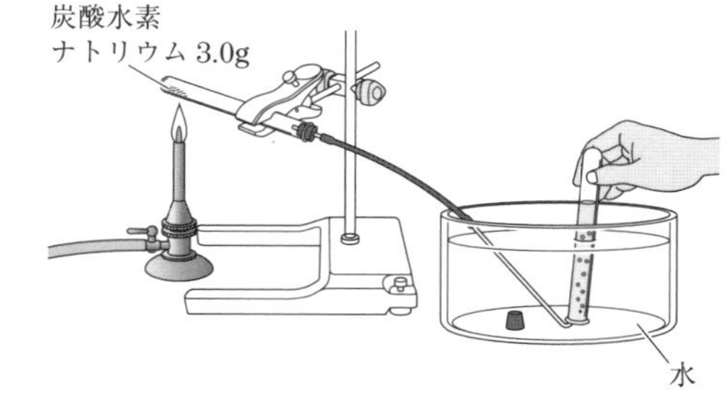

(1) 気体を集めた試験管に石灰水を入れ，再びゴム栓をしてよく振ったところ，石灰水が白くにごった。発生した気体は何か。化学式を書きなさい。

〔　　　　　〕

(2) 実験後，加熱した試験管の口に液体がついていた。この液体に青色の試験紙Aをつけたところ試験紙Aは赤色になったので，液体は水であることがわかった。試験紙Aは何か。

〔　　　　　〕

(3) 実験後，加熱した試験管に残った固体の性質として適当なものを，次から２つ選び，記号で答えなさい。

〔　　　〕〔　　　〕

ア 炭酸水素ナトリウムより水にとけやすい。

イ 水にとけるが，炭酸水素ナトリウムより水にとけにくい。

ウ 水溶液が酸性を示す。

エ 水溶液がアルカリ性を示す。

3 鉄粉と硫黄(粉末)をよく混合して試験管に入れ，右の図のように混合物の上部をガスバーナーで加熱した。混合物の色が赤くなったところで加熱をやめても激しく熱が出て，その熱によって反応が続いた。やがて鉄粉と硫黄は残らずすべて反応し，試験管の中には，黒色の物質ができた。次の問いに答えなさい。

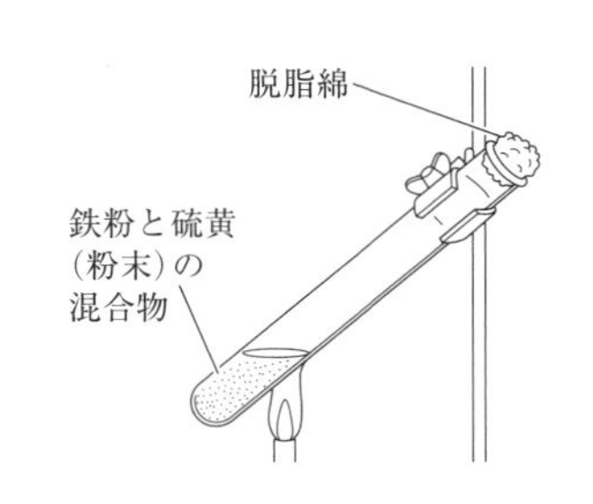

［8点×5］〈沖縄・改〉

(1) 反応前の鉄粉と硫黄の混合物，反応後に生成した黒色の物質に磁石をそれぞれ近づけた。このとき，試験管内の物質は磁石につくか。それぞれ「つく」「つかない」と答えなさい。

反応前〔　　　　　〕

反応後〔　　　　　〕

(2) 反応後に生成した黒色の物質は何か，化学式で答えなさい。〔　　　　　〕

(3) 同じ方法で鉄粉8.0gと硫黄(粉末)4.0gを熱すると，一方の物質は完全に反応し，もう一方の物質は一部が反応せずに残った。このとき，反応後に生成した黒色の物質は何gか。ただし，鉄粉と硫黄が反応するとき，それぞれの物質の質量比は一定で，7：4であることがわかっている。〔　　　　　〕

(4) 反応後に生成した黒色の物質にうすい塩酸を加えたところ，気体が発生した。この気体について正しく述べているものを，次から1つ選び，記号で答えなさい。〔　　〕

ア うすい黄緑色で，刺激臭(しげきしゅう)がする。　**イ** かっ色で，無臭である。

ウ 無色で，卵の腐(くさ)ったようなにおいがする。　**エ** 無色で，無臭である。

4 右の図のように，うすい塩酸と炭酸水素ナトリウムが入ったプラスチックの容器全体の質量を電子てんびんではかった。次に，その密閉したプラスチックの容器の中で，うすい塩酸と炭酸水素ナトリウムを混ぜ合わせると気体が発生した。反応後のプラスチックの容器全体の質量を電子てんびんではかったところ，反応の前後で質量の変化はなかった。このようになった理由を説明した次の文中の ① ～ ③ にあてはまる言葉を，それぞれ書きなさい。

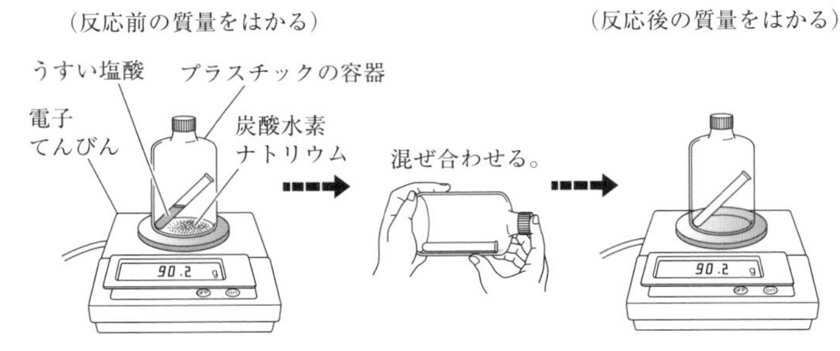

［8点×3］〈香川・改〉

①〔　　　　　〕 ②〔　　　　　〕 ③〔　　　　　〕

化学変化の前後では，反応に関わった物質をつくる原子の ① は変化するが，反応に関わった原子の種類と原子の ② は変化しないため，化学変化の前後で，その化学変化に関係している物質全体の質量は変わらない。このことを ③ の法則という。

学習日　　月　　日

3日目 イオン

整理しよう

解答➡別冊 p.6

1 水溶液とイオン

(1) 陽子と中性子からできていて，原子の中心にあるものを何といいますか。（　　）

(2) 陽子と中性子で，＋の電気をもつのはどちらですか。（　　）

(3) 原子の中で，－の電気をもつ粒子を何といいますか。（　　）

(4) 水にとかしたとき，その水溶液に電流が流れる物質を何といいますか。（　　）

(5) 原子が電子を失ったり，受けとったりして電気を帯びたものを何といいますか。（　　）

(6) 物質が水にとけて，陽イオンと陰イオンに分かれることを何といいますか。（　　）

2 電気分解と電池

(1) 塩化銅水溶液を電気分解したときのようすを，化学反応式で表しなさい。（　　）

(2) 塩酸を電気分解したとき，陽極と陰極で発生する気体は，それぞれ何ですか。

陽極（　　）陰極（　　）

(3) 化学電池をつくるときの水溶液と電極の組み合わせとして正しいものを，次の**ア**～**ウ**から選びなさい。（　　）

	水溶液	電極の組み合わせ
ア	砂糖水	銅と亜鉛
イ	食塩水	銅と亜鉛
ウ	塩酸	銅と銅

1

重要 原子の構造

下図のヘリウム原子のように，＋の電気をもつ陽子と電気をもたない中性子からなる原子核のまわりに，－の電気をもつ電子がある。

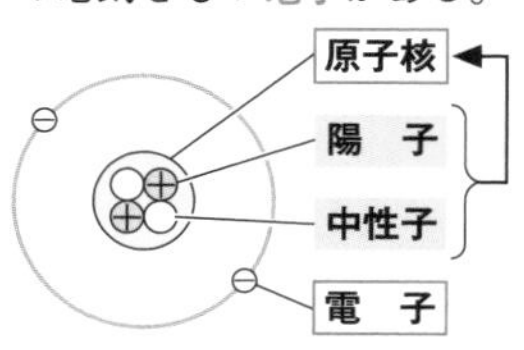

ヘリウム原子の構造

おもなイオン

陽イオン

水素イオン	H^{+}
銅イオン	Cu^{2+}
亜鉛イオン	Zn^{2+}
ナトリウムイオン	Na^{+}

陰イオン

水酸化物イオン	OH^{-}
塩化物イオン	Cl^{-}
硫酸イオン	SO_4^{2-}
硝酸イオン	NO_3^{-}

2

金属の陽イオンへのなりやすさ

銅Cu，亜鉛Zn，マグネシウムMgでは，イオンへのなりやすさは，下のような順になる。

Mg ＞ Zn ＞ Cu

3 酸とアルカリ

(1) 酸が水にとけると何イオンを生じるか。名称と化学式で答えなさい。

名称（　　　　　）

化学式（　　　　　）

(2) アルカリが水にとけると何イオンを生じるか。名称と化学式で答えなさい。

名称（　　　　　）

化学式（　　　　　）

(3) pHが，次の①～④のときの水溶液の性質を，あとの**ア**～**ウ**から，それぞれ選びなさい。

①（　　）②（　　）③（　　）④（　　）

① 2　② 5　③ 7　④ 11

ア 酸性　**イ** 中性　**ウ** アルカリ性

(4) 水溶液の性質が次の①～③のとき，緑色のBTB溶液を加えると何色になるか。あとの**ア**～**ウ**から，それぞれ選びなさい。

①（　　）②（　　）③（　　）

① 酸性　② 中性　③ アルカリ性

ア 緑色　**イ** 青色　**ウ** 黄色

4 中和と塩

(1) 酸の水溶液とアルカリの水溶液を混ぜ合わせたときに，たがいの性質を打ち消し合う反応を何といいますか。

（　　　　　）

(2) (1)の反応は，水素イオンと水酸化物イオンが結びついて水をつくる反応であるということもできる。このようすを，化学式を使って表しなさい。

（　　　　　）

(3) 酸の陰イオンとアルカリの陽イオンが結びついてできる物質を何といいますか。（　　　　　）

(4) 塩酸と水酸化ナトリウム水溶液の反応でできる(3)の物質は何ですか。（　　　　　）

(5) 硫酸と水酸化バリウム水溶液の反応でできる(3)の物質は何ですか。（　　　　　）

重要 ダニエル電池のしくみ

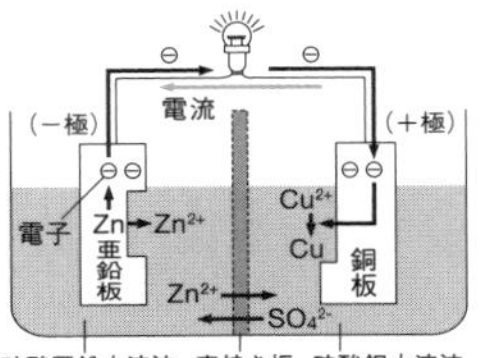

［－極］ $Zn \longrightarrow Zn^{2+} + 2e^-$

［＋極］ $Cu^{2+} + 2e^- \longrightarrow Cu$

3

注意 酸とアルカリ

①水にとけて電離し，**水素イオン**が生じる物質を**酸**といい，その水溶液の性質を**酸性**という。

②水にとけて電離し，**水酸化物イオン**が生じる物質を**アルカリ**といい，その水溶液の性質を**アルカリ性**という。

4

重要 塩酸と水酸化ナトリウム水溶液の中和のモデル

塩酸＋水酸化ナトリウム水溶液

⟶塩化ナトリウム＋水
　（塩(えん)）

$HCl + NaOH$

$\longrightarrow NaCl + H_2O$

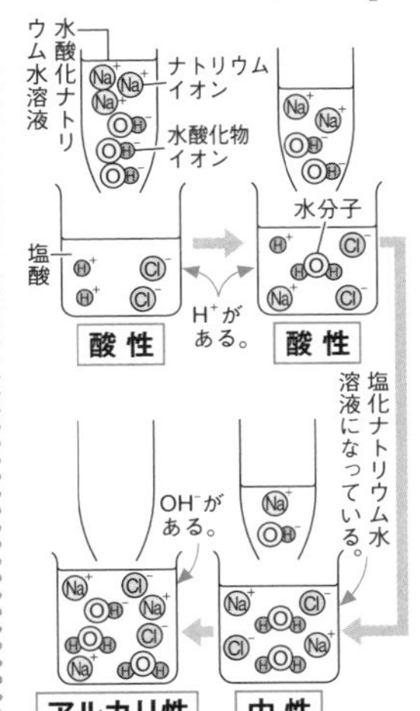

1日目 2日目 3日目 4日目 5日目 6日目 7日目 8日目 9日目 10日目

3日目 イオン

定着させよう

解答➡別冊 p.7

1 次の［実験1］，［実験2］について，あとの問いに答えなさい。

［8点×6］〈愛媛〉

［実験1］ 図1のように，電気分解装置にうすい塩酸を満たし，電流を流すと，電極Aからは火を近づけると音を立てて燃える気体Xが発生し，電極Bからは漂白作用のある気体Yが発生した。ⓐ気体Xが電気分解装置の4の目盛りまで集まったところで，電流を流すのをやめた。

図1

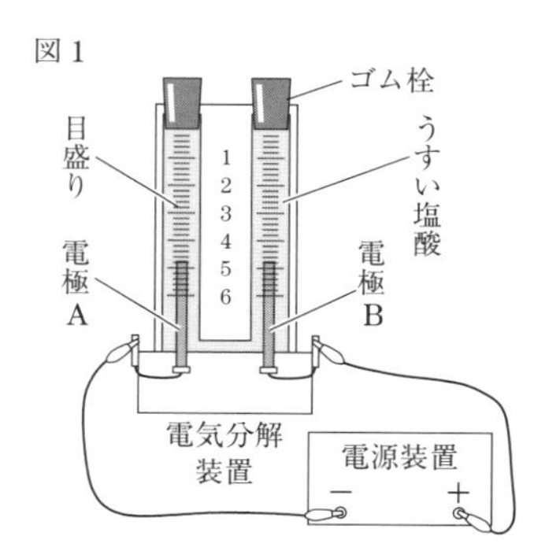

［実験2］ 図2のように，電流を流れやすくする中性の水溶液をしみこませたろ紙の上に青色リトマス紙を置き，うすい塩酸をしみこませた糸を中央に置くと，青色リトマス紙の一部が赤色に変化した。すぐにスイッチを入れ，数分間電圧を加えると，ⓑ赤色に変化した部分が青色リトマス紙の中央から左側に向かって広がり，図3のようになった。

図2

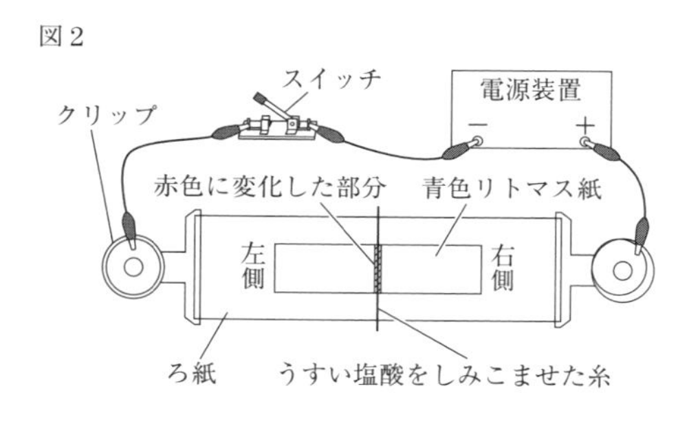

図3

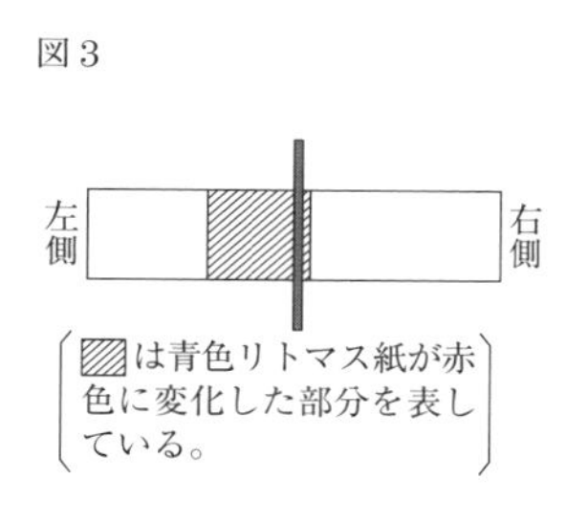

(1) 気体Xと気体Yが結びついた気体Zの水溶液が塩酸である。気体Zの名称を書きなさい。また，気体Zが水溶液中で電離して生じる陰イオンを，化学式で書きなさい。

名称〔　　　　　　〕 化学式〔　　　　　　〕

(2) 次の文の①～④の｛　　｝の中から，それぞれ適当なものを1つずつ選び，その記号を書きなさい。 ①〔　　〕 ②〔　　〕 ③〔　　〕 ④〔　　〕

実験1の気体Xは①｛**ア.** 水素　**イ.** 塩素｝であり，下線部ⓐのとき，集まった気体Yの体積は②｛**ア.** 気体Xと等しい　**イ.** 気体Xより大きい　**ウ.** 気体Xより小さい｝。

実験2の下線部ⓑの現象を起こしたイオンは，③｛**ア.** 陽極　**イ.** 陰極｝に向かって移動したので，④｛**ア.** 陽イオン　**イ.** 陰イオン｝であることがわかる。

2 右の図は，ダニエル電池の構造を示したものである。次の問いに答えなさい。 〔9点×4〕

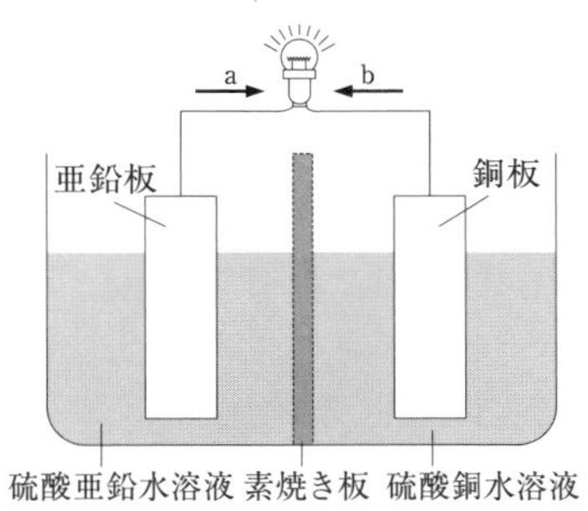

硫酸亜鉛水溶液　素焼き板　硫酸銅水溶液

亜鉛板　銅板　a　b

(1) 水溶液中に素焼き板を入れる理由として最も適当なものを，次の**ア**～**ウ**から１つ選び，記号で答えなさい。 〔　　〕

ア　イオンが通り抜けないようにするため。

イ　電子が通り抜けないようにするため。

ウ　硫酸亜鉛水溶液と硫酸銅水溶液が混ざらないようにするため。

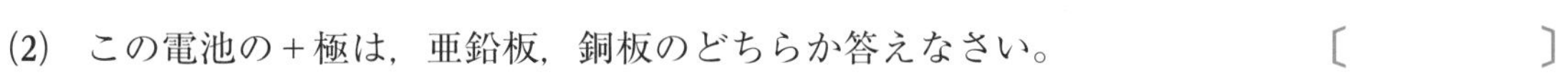

(2) この電池の＋極は，亜鉛板，銅板のどちらか答えなさい。 〔　　〕

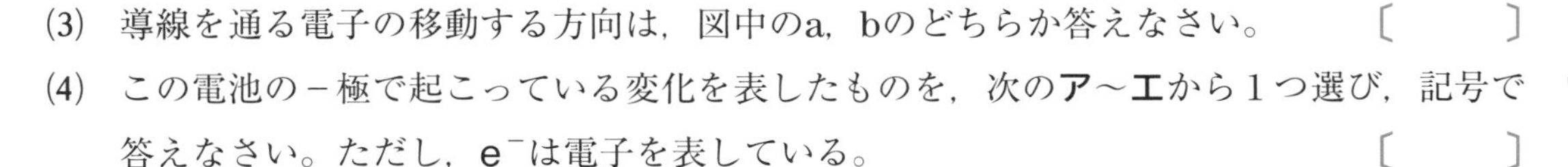

(3) 導線を通る電子の移動する方向は，図中のa，bのどちらか答えなさい。 〔　　〕

(4) この電池の－極で起こっている変化を表したものを，次の**ア**～**エ**から１つ選び，記号で答えなさい。ただし，e^-は電子を表している。 〔　　〕

ア　$Zn \longrightarrow Zn^{2+} + 2e^-$

イ　$Zn^{2+} + 2e^- \longrightarrow Zn$

ウ　$Cu \longrightarrow Cu^{2+} + 2e^-$

エ　$Cu^{2+} + 2e^- \longrightarrow Cu$

3 右の図のように，３本の試験管A，B，Cにうすい塩酸３cm³をそれぞれ入れ，Bにはうすい水酸化ナトリウム水溶液２cm³を，Cにはうすい水酸化ナトリウム水溶液４cm³を加えて，よく混ぜた。次に，A，B，Cに同じ長さのマグネシウムリボンをそれぞれ入れて，試験管内のようすを観察した。下の表はその結果をまとめたものである。あとの問いに答えなさい。 〔8点×2〕〈群馬・改〉

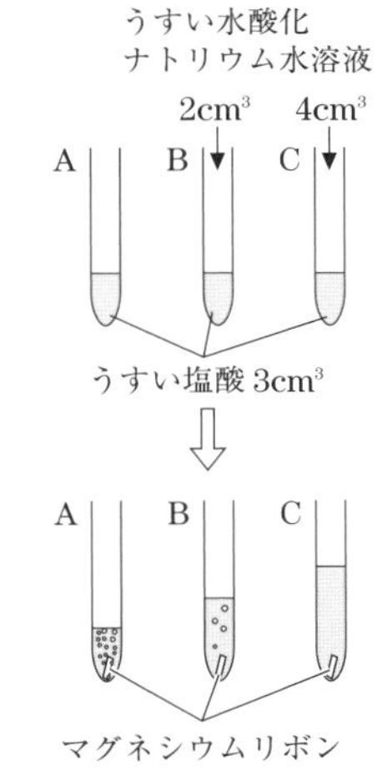

	A	B	C
試験管内のようす	激しく水素が発生した。	Aにくらべて水素の発生が弱かった。	水素が発生しなかった。

(1) Bでは，Aにくらべて水素の発生が弱かった。その理由を，イオンの名称を用いて簡潔に書きなさい。

〔　　〕

(2) この実験の後，CにBTB溶液を加えると青色になった。その原因となったイオンは何か。化学式を書きなさい。 〔　　〕

学習日　　月　　日

光・音・力・電流

整理しよう

解答➡別冊 p.8

1　光

(1) 光が反射するとき，入射角と反射角はどのような関係となりますか。　（　　　　）

(2) 光が空気中からガラスの中へななめに入るとき，入射角と屈折角はどちらのほうが大きくなりますか。　（　　　　）

(3) 光が水中やガラスの中から空気中へ出るとき，入射角がある角度より大きくなるとすべての光が反射する。このような現象を何といいますか。　（　　　　）

(4) 凸レンズによってできる実像が物体と同じ大きさになるのは，物体をどのような位置に置いたときですか。

（　　　　）

(5) 物体を焦点より凸レンズに近い位置に置いて，凸レンズを通して物体を見ると，物体より大きな像が同じ向きに見えた。このような像を何といいますか。　（　　　　）

2　音

(1) 振動して音を出す物体を何といいますか。

（　　　　）

(2) 1秒間に振動する回数を何といいますか。

（　　　　）

(3) 高くて大きい音を示したオシロスコープの画像を，次の**ア**～**エ**から選びなさい。　（　　）

ア

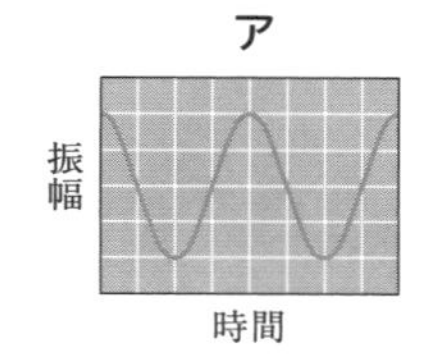

イ

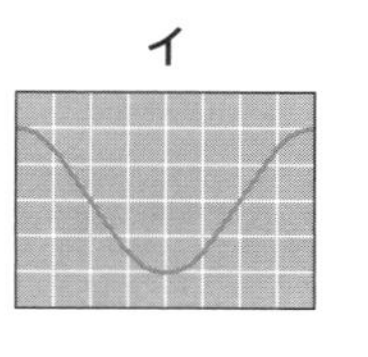

ウ

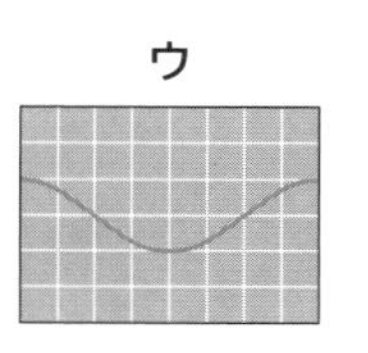

エ

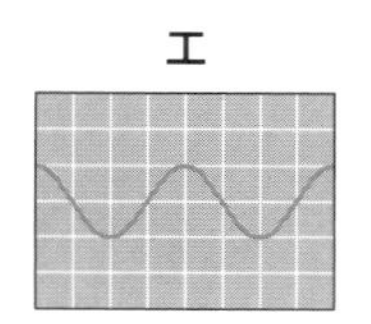

1

光の反射の法則

入射角＝反射角

光源　面に垂直な直線　入射角　反射角　入射光　反射光　鏡

光の屈折

①空気⇨ガラス・水
入射角＞屈折角

②ガラス・水⇨空気
入射角＜屈折角

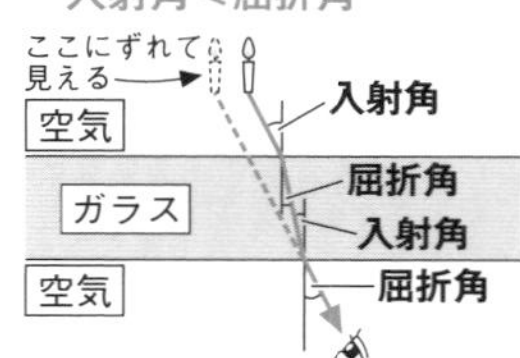

重要 凸レンズの焦点とできる像

凸レンズの焦点

焦点距離　焦点　焦点

凸レンズの像

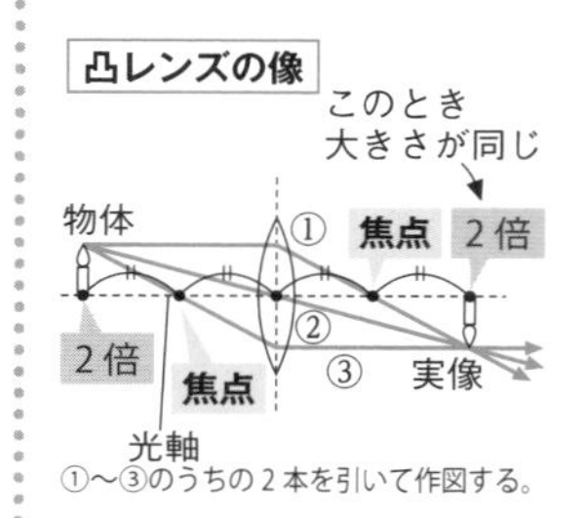

①～③のうちの2本を引いて作図する。

3 力

(1) 地球が地球上の物体を地球の中心に向かって引く力を何といいますか。 (　　　)

(2) 物体を机(つくえ)や床(ゆか)の上に置いたときなどに，机や床が物体を押し返す力を何といいますか。 (　　　)

(3) 物体がほかの物体と接している面で，運動をさまたげようとする向きにはたらく力を何といいますか。 (　　　)

(4) ばねに加わる力の大きさとばねののびは，どのような関係になりますか。 (　　　)

(5) ①〜③は，２力がつり合う条件を表したものである。文中の(　　)にあてはまることばをそれぞれ答えなさい。

① ２力は(　　)上にある。 (　　　)

② ２力の向きは(　　)である。 (　　　)

③ ２力の大きさは(　　)。 (　　　)

4 電流

(1) 右の図の回路について，次の問いに答えなさい。

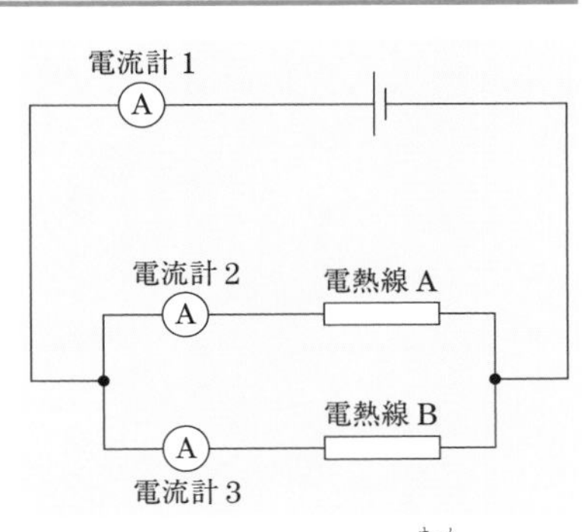

① 電流計１は0.4A(アンペア)，電流計３は0.25Aを示していた。電流計２は何Aを示していますか。 (　　　)

② 電源の電圧は３V(ボルト)であった。電熱線Bの抵抗は何Ω(オーム)ですか。 (　　　)

③ 電熱線Aで消費される電力は何W(ワット)ですか。 (　　　)

(2) 磁界の向きとは，磁針(じしん)のN極がさす向き，S極がさす向きのどちらですか。 (　　　)

(3) 電磁誘導(でんじゆうどう)で流れる電流を何といいますか。 (　　　)

3

いろいろな力

①**重力**…地球が地球上の物体を地球の中心に向かって引く力。

②**垂直抗力**(すいちょくこうりょく)…物体を机や床の上に置いたとき，机や床が物体を押し返す力。

③**摩擦力**(まさつりょく)…物体がほかの物体と接している面で，運動をさまたげようとする向きにはたらく力。

重要 フックの法則

ばねの**のび**は，ばねに加わる**力**の大きさに**比例**する。

4

重要 回路と電流・電圧

直列回路

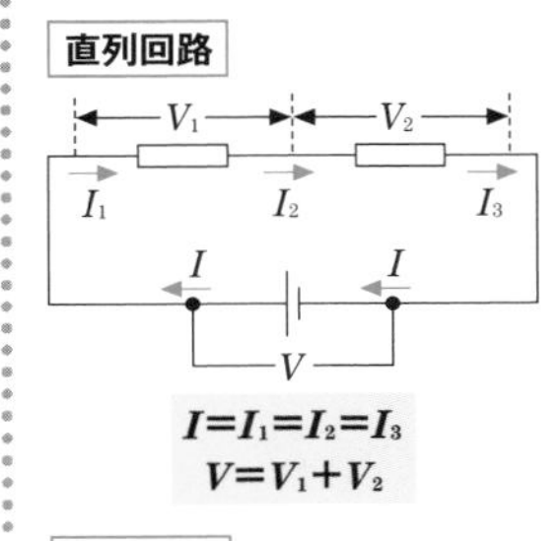

$I=I_1=I_2=I_3$
$V=V_1+V_2$

並列回路

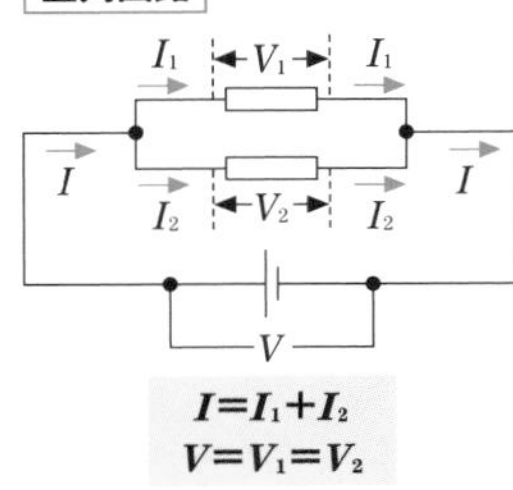

$I=I_1+I_2$
$V=V_1=V_2$

オームの法則

$抵抗〔Ω〕=\frac{電圧〔V〕}{電流〔A〕}$

4日目 光・音・力・電流

定着させよう

解答➡別冊 p.9

1 右の図のように，凸レンズの真正面から3つのスリットを通した平行な光を当て，光を屈折させる実験を行った。これについて，次の問いに答えなさい。

［9点×2］〈徳島〉

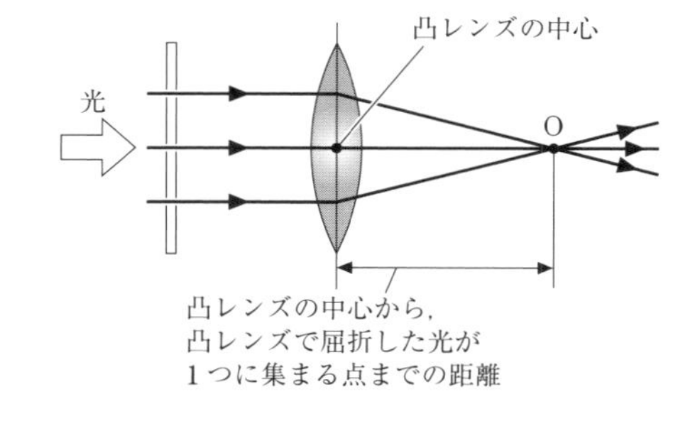

(1) 凸レンズを通った光は，屈折して1つの点Oに集まった。この点の名称を書きなさい。

〔　　　　　　　　〕

(2) 次の文は，図の凸レンズを，ふくらみの大きいものに交換して行った実験の結果を説明したものである。文中の（　　）にあてはまる言葉を書きなさい。〔　　　　　　　　〕

凸レンズをふくらみの大きいものに交換すると，凸レンズの中心から，凸レンズで屈折した光が1つに集まる点までの距離は，（　　）なった。

2 モノコード，コンピューター，マイクロホンを使い，右の図のような装置をつくった。弦をはる強さを一定にして，XとYの間にことじを立てた。ことじの位置や弦をはじく強さの条件を下のaからdの順に変えながら，ことじとYの間の弦の中央を指ではじき，出た音をマイクロホンを使ってコンピュータに入力した。これについて，あとの問いに答えなさい。

［9点×2］〈宮崎〉

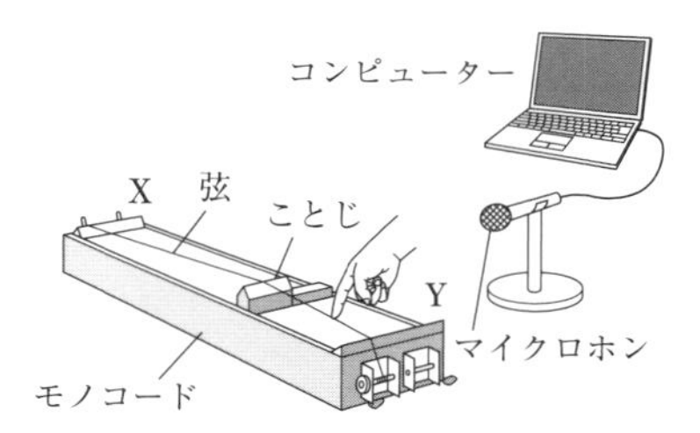

a．図の位置にことじを立て，弱くはじく。b．図の位置にことじを立て，強くはじく。
c．ことじをY側に動かし，弱くはじく。　d．ことじをcよりY側に動かし，弱くはじく。

(1) cのとき，記録された波形はどれか。次の**ア**～**エ**から1つ選び，記号で答えなさい。ただし，**ア**～**エ**は，a～dで記録された波形のいずれかである。〔　　〕

ア
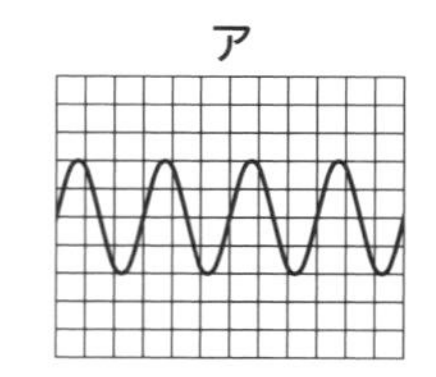
イ
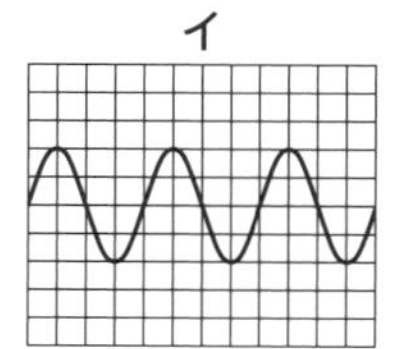
ウ
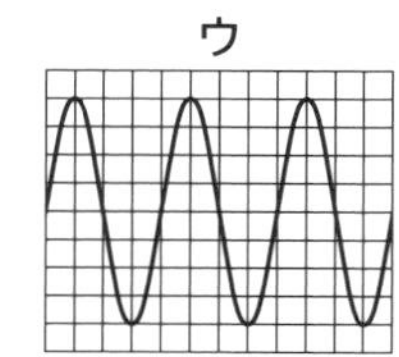
エ
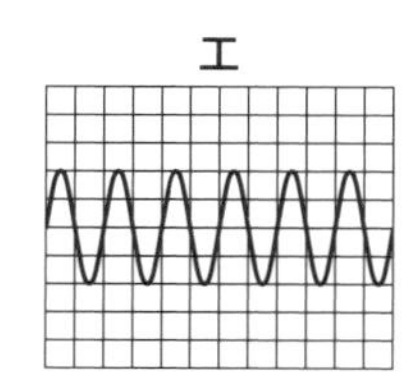

(2) aで発生した音の振動数が120Hz（ヘルツ）であったとすると，cで発生した音の振動数は，およそ何Hzか。最も適切なものを，次の**ア**～**エ**から1つ選び，記号で答えなさい。〔　　〕

ア　90Hz　　**イ**　120Hz　　**ウ**　160Hz　　**エ**　240Hz

3 2つのばねA，Bについて，ばねに加える力の大きさとばねの長さの関係を，図1のように，ばねにおもりをつるして調べ，結果を下の表にまとめた。これについて，あとの問いに答えなさい。

〔8点×5〕〈群馬〉

図1

ばねの長さ

おもり

力の大きさ〔N〕	0.25	0.50	0.75	1.00	1.25	1.50
ばねAの長さ〔cm〕	7.0	9.0	11.0	13.0	15.0	17.0
ばねBの長さ〔cm〕	7.0	8.0	9.0	10.0	11.0	12.0

(1) おもりをつるしていないときの，ばねA，Bの長さはいくらか，それぞれ書きなさい。

ばねA〔　　　　　〕 ばねB〔　　　　　〕

(2) ばねA，Bののびを，図2の①～③のようにして調べた。おもりの質量が75g，滑車(かっしゃ)の質量が75gのとき，①のばねA，②のばねB，③のばねB，それぞれののびはいくらか。ただし，質量100gの物体にはたらく重力の大きさを1N(ニュートン)とし，ばねと糸の質量および滑車の摩擦(まさつ)は考えないものとする。

①〔　　　　　〕 ②〔　　　　　〕 ③〔　　　　　〕

図2

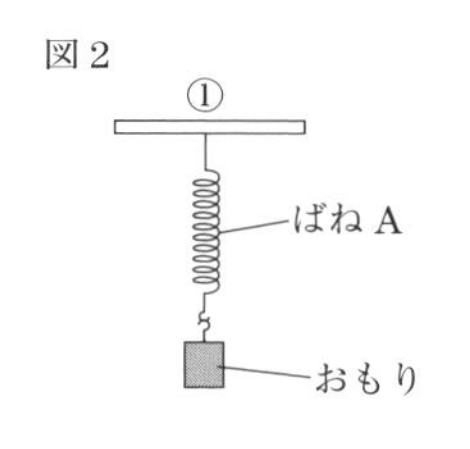

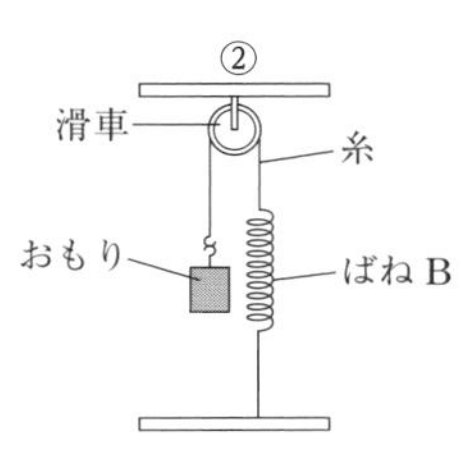

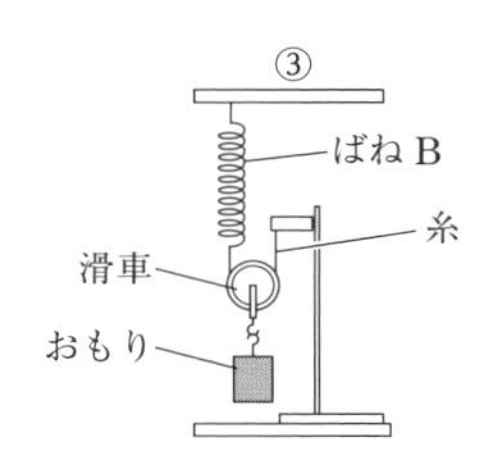

4 右の図のように電気抵抗の大きさが40Ω(オーム)の抵抗Xと10Ωの抵抗Yを用いて回路をつくった。次に，電源装置の電圧を一定にしたまま回路に電圧を加え，そのとき抵抗X，抵抗Y，点Zを流れる電流の大きさをそれぞれ調べたところ，抵抗Xを流れる電流の大きさは150mA(ミリアンペア)であった。これについて，次の問いに答えなさい。

〔8点×3〕〈京都〉

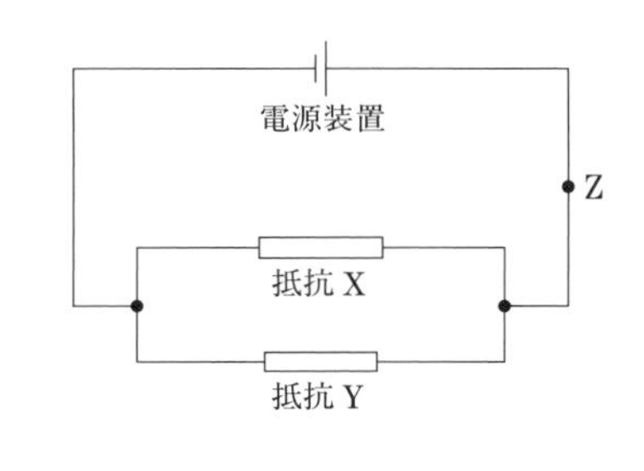

(1) 抵抗Xに流れる電流の大きさと抵抗Yを流れる電流の大きさの比を，最も簡単な整数の比で表しなさい。また，点Zを流れる電流の大きさは何A(アンペア)か求めなさい。

比〔抵抗X：抵抗Y＝　　：　　〕

点Z〔　　　　　〕

(2) 図の回路において，抵抗Xと抵抗Yを1つの抵抗として考えた全体の電気抵抗の大きさは何Ωか求めなさい。

〔　　　　　〕

力と運動・仕事とエネルギー

整理しよう

解答➡別冊 p.10

1 力のはたらき

(1) 物体に力を加えると，物体から逆向きで大きさの等しい力を受ける。これを何の法則といいますか。（　　　　）

(2) 2つの力と同じはたらきをする1つの力を，2つの力の何といいますか。（　　　　）

(3) 電車が急発進したとき，乗っていた人が後ろに傾(かたむ)いた。このようになることを何の法則といいますか。（　　　　）

(4) 水の深さが深くなるほど，水圧の大きさはどうなりますか。

（　　　　）

(5) 右の図のように，10 N(ニュートン) の物体をばねばかりにつるして物体を水の中に入れると，ばねばかりが6Nを示した。このとき物体にはたらいている浮力(ふりょく)は何Nですか。（　　　　）

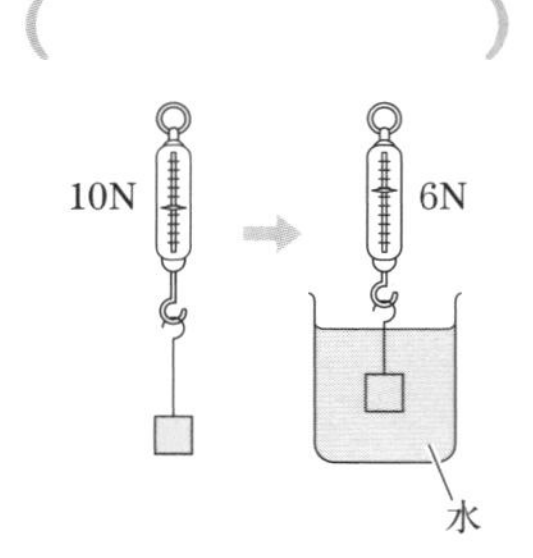

2 いろいろな運動

(1) 距離(きょり)300 kmのA－B地点間を自動車で5時間で移動したとき，平均の速さは何km/hですか。（　　　　）

(2) (1)で，あるとき自動車のスピードメーターが53 km/hを示していた。この速さのように，ごく短い時間で移動した距離をもとに求めた速さを何といいますか。（　　　　）

(3) 台車が斜面(しゃめん)を下るとき，台車の移動時間と速さには，どのような関係がありますか。（　　　　）

(4) 摩擦(まさつ)のない面で，台車が一直線上を一定の速さで進んでいた。

① このような運動を何といいますか。（　　　　）

② このとき，台車の移動時間と移動距離には，どのような関係がありますか。（　　　　）

1

重要 力の合成・分解

2力と同じはたらきをする1つの力を合力(ごうりょく)，合力を求めることを力の合成という。

①**同じ向きの2力**…大きさは2力の和で，向きは2力と同じ向き。

②**反対向きの2力**…大きさは2力の差で，向きは大きい力と同じ向き。

③**一直線上にない2力**

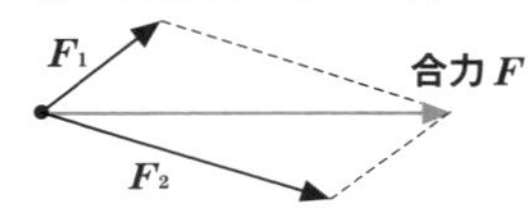

1つの力を，同じはたらきをする2力に分けることを力の分解といい，分けた2力を分力という。

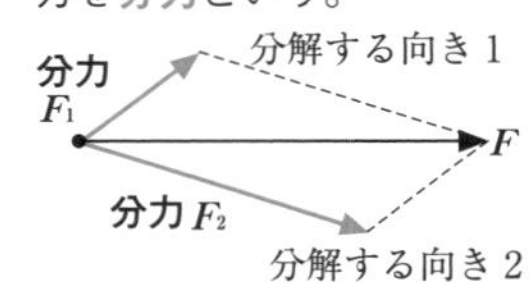

水圧と浮力

①**水圧**…水にはたらく重力による圧力。水の深さが深くなるほど大きくなる。

②**浮力**…水圧により水中の物体に生じる上向きの力。

2

重要 等速直線運動

速さが一定で，一直線上を進む運動。

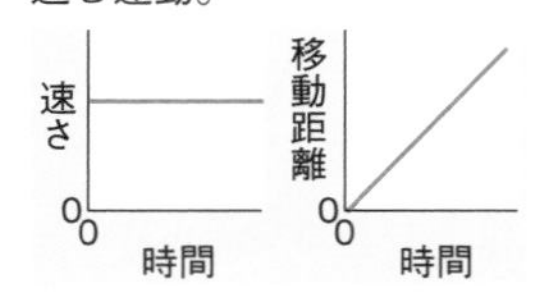

3 仕事とエネルギー

(1) 下の図1のように，重さ20Nの物体を3mもち上げた。

① このとき物体にした仕事は何J(ジュール)ですか。

(　　　　　)

② この物体を3mの高さまでもち上げたとき，この物体がもつ位置エネルギーは何Jですか。(　　　　　)

③ 図1の状態から手を離(はな)し，この物体を落としたとき，物体が床(ゆか)に落ちる直前にもっていた運動エネルギーは何Jですか。

(　　　　　)

(2) 下の図2のⒶのように，重さ300Nの物体を100Nの力で押したが，物体は動かなかった。

① このとき物体にした仕事は何Jですか。

(　　　　　)

② 図2のⒷのように，200Nの力で押すと物体が動きだしたので，同じ力を加え続けて5m移動させた。このとき物体にした仕事は何Jですか。(　　　　　)

③ Ⓑの仕事を10秒で行ったとき，仕事率は何W(ワット)ですか。

(　　　　　)

図1

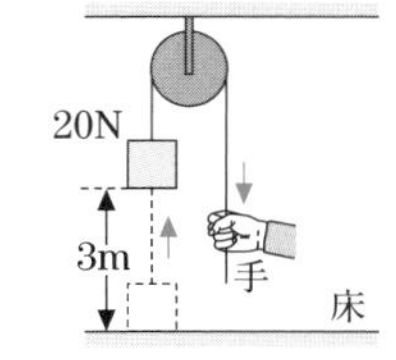

図2 Ⓐ　　Ⓑ

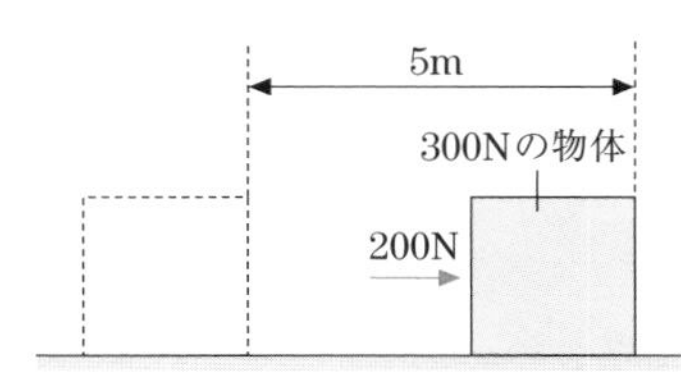

4 エネルギーの保存

(1) ふりこが振(ふ)れているとき，おもりのもつ位置エネルギーと運動エネルギーの和を何といいますか。(　　　　　)

(2) (1)の大きさは，ふりこが振れている間，一定に保たれている。これを何といいますか。

(　　　　　)

(3) エネルギーがほかのエネルギーに変換されても，変換の前後でエネルギーの総量は変化しない。これを何といいますか。

(　　　　　)

3

重要 仕事と仕事率

①仕事〔J〕＝物体に加えた力〔N〕×力の向きに移動させた距離〔m〕

注意 仕事の大きさが0になる場合

物体に力を加えても，加えた力の向きに物体が移動しない場合，仕事の大きさは0なので注意が必要。

例 もち上げたかばんを同じ高さでもったままゆっくりと水平に移動したとき

②仕事率〔W〕＝$\frac{\text{仕事〔J〕}}{\text{時間〔s〕}}$

③仕事の原理…道具や斜面を使っても，仕事の大きさは変わらない。

4

力学的エネルギー

①位置エネルギー…質量が大きくて高い位置にある物体ほど大きくなる。

②運動エネルギー…質量が大きくて運動の速さが速い物体ほど大きくなる。

③力学的エネルギー…位置エネルギーと運動エネルギーの和。

④力学的エネルギーの保存…位置エネルギーと運動エネルギーが移り変わっても力学的エネルギーの大きさは変化しない。

エネルギーの保存

エネルギーがほかのエネルギーに変換されても総量は変化しない。

力と運動・仕事とエネルギー

定着させよう

解答➡別冊 p.11

1 右の図のように，１秒間に60回打点する記録タイマーで，斜面(しゃめん)を下る台車の運動を記録した。これについて，次の問いに答えなさい。

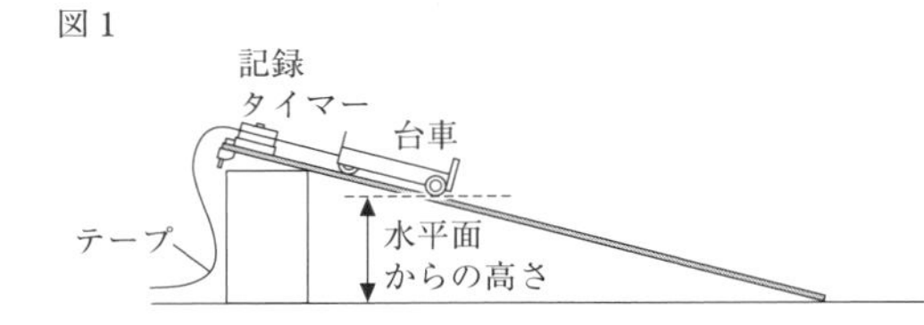

［10点×5］〈宮崎〉

(1) 斜面上の台車にはたらく重力の向きを表したものとして適切なものを，次の**ア**～**エ**から１つ選び，記号で答えなさい。〔　　〕

ア
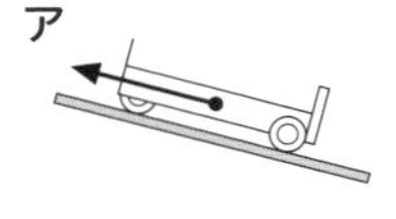
イ
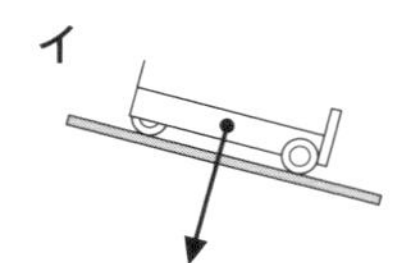
ウ
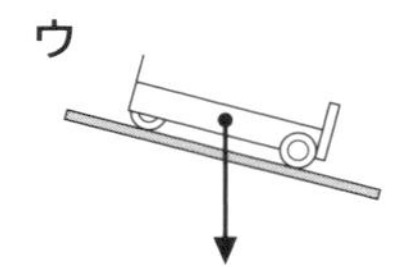
エ
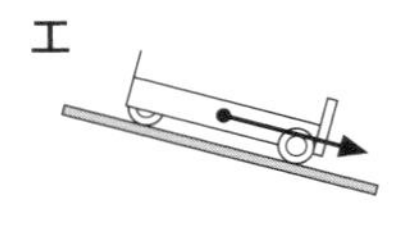

(2) 図２は，このときの台車の運動を記録したテープを，はっきりと判別できる点から６打点ごとに切りとって，グラフ用紙に左から順に下端(かたん)をそろえてはりつけたものであり，次の文は，この実験の結果をまとめたものである。ただし，はりつけたテープの打点は省略(しょうりゃく)してある。

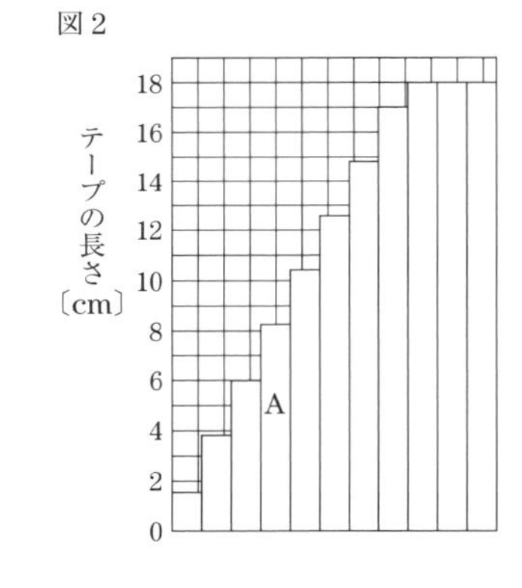

> 斜面を下りた台車の速さは，しだいに［ア］なることがわかった。また，斜面を下り終わったあと，<u>水平面を運動する台車</u>は，一定の速さで一直線上を動く［イ］運動をしていることがわかった。

① ［ア］，［イ］に適切な言葉を入れなさい。

ア〔　　　　〕 **イ**〔　　　　〕

② 図２のAのテープの長さは，8.2cmであった。Aのテープを記録している間の，台車の平均の速さは何cm/sか，求めなさい。〔　　　　〕

③ 文中の下線部に関して，このときの台車にはたらく力について説明したものとして，適切なものを，次の**ア**～**エ**から１つ選び，記号で答えなさい。〔　　〕

ア　台車にはたらく力はつり合っている。

イ　台車に力はまったくはたらいていない。

ウ　台車にはたらく力の合力の向きは，運動の向きと同じである。

エ　台車にはたらく力の合力の向きは，運動の向きと反対の向きである。

2 図１のように，物体Aに糸を付け，床から高さLまでゆっくり真上に手で引き上げた。次に図２のように，物体Aと同じ質量の物体Bに滑車をとり付けて傾き30°の斜面に置き，滑車に糸を通して斜面にそって距離Lだけゆっくり手で引き上げた。

次の文は，図１と図２のように，それぞれの物体を引き上げたときの，糸を引く力の大きさと，引き上げた仕事の大きさを比較して説明したものである。文中の(　①　)と(　②　)のそれぞれにあてはまる数字を答えなさい。ただし，滑車や糸の質量及び，物体Bと斜面との間にはたらく摩擦力や滑車にはたらく摩擦力は無視できるものとする。　［12点×2］〈愛知・改〉

図１

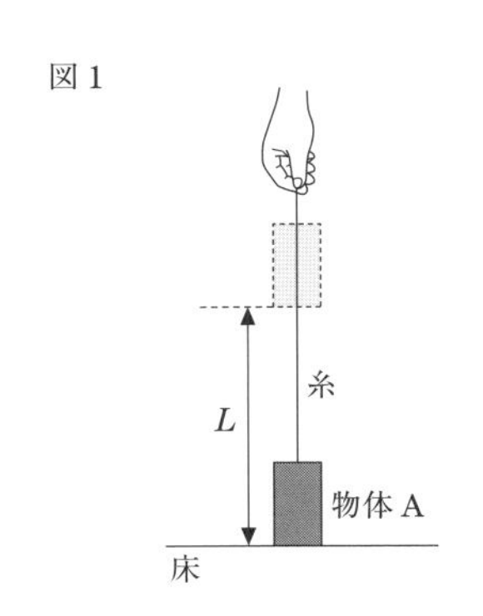

図２

①［　　　］　②［　　　］

> 糸を引く力の大きさをくらべると，図１の場合は図２の場合の(　①　)倍であり，引き上げた仕事の大きさをくらべると，図１の場合は図２の場合の(　②　)倍である。

3 図１は，質量200gのおもりを使ってつくったふりこで，おもりをAの位置までもち上げて静かに手を離したとき，おもりがAの位置から一番低いBの位置を通過し，Aの位置と同じ高さのDの位置まで運動するようすを，ストロボスコープを用いて撮影し，その写真を模式的に表したものである。これについて，次の問いに答えなさい。ただし，おもりがAの位置にあるときの位置エネルギーの大きさを１，おもりがBの位置にあるときの位置エネルギーの大きさを０とし，おもりと糸にはたらく空気の抵抗や，糸ののび縮みは考えないものとする。

［13点×2］〈京都・改〉

図１

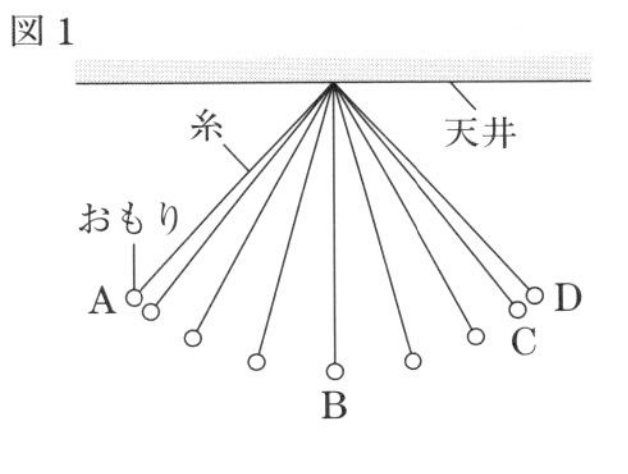

図２

(1) 図２は，おもりがAの位置からDの位置まで運動するときの位置エネルギーの大きさの変化を表したグラフである。このときの運動エネルギーの大きさの変化を表すグラフを，図２の中にかき入れなさい。

［　図に記入　］

(2) おもりがCの位置にあるとき，おもりのもつ力学的エネルギーの大きさを求めなさい。

［　　　］

6日目 生物の特徴(とくちょう)と分類

整理しよう

解答➡別冊 p.12

1 生物の観察

(1) タンポポの花を手にもってルーペで観察するときの方法として適当なものを，次のア～エから選びなさい。（　　）

ア　ルーペを花に近づけて見る。

イ　ルーペを前後に動かしてピントを合わせる。

ウ　ルーペを目に近づけ，頭を前後に動かしピントを合わせる。

エ　ルーペを目に近づけ，花を前後に動かしピントを合わせる。

(2) スケッチするとき，影(かげ)をつけますか，つけませんか。

（　　）

(3) 顕微鏡(けんびきょう)で，接眼(せつがん)レンズの倍率が10倍，対物(たいぶつ)レンズの倍率が15倍のとき，顕微鏡の倍率は何倍ですか。（　　）

2 花のつくり

(1) 胚珠(はいしゅ)が子房(しぼう)の中にある花をつける植物を何といいますか。

（　　）

(2) (1)の花で，胚珠と子房は受粉後それぞれ何になりますか。

胚珠（　　）　子房（　　）

(3) 右の図は，マツの雄花(おばな)と雌花(めばな)，およびそのりん片(へん)を表している。

① 雌花は，図のA，Bのどちらですか。（　　）

② 図のa，bの部分を，それぞれ何といいますか。

a（　　）

b（　　）

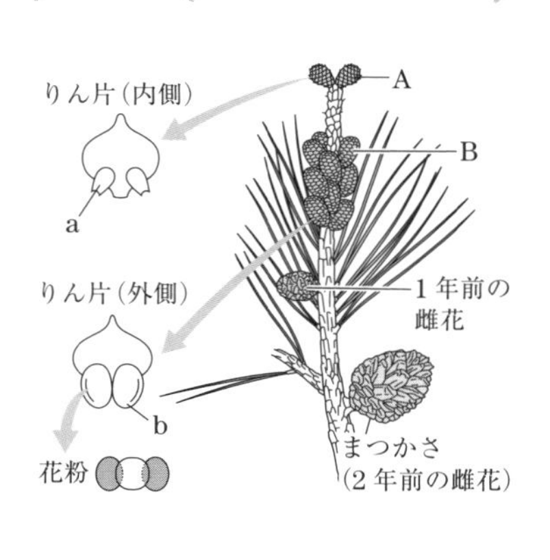

1

顕微鏡の特徴

①倍率
＝接眼レンズの倍率
×対物レンズの倍率

②高倍率にすると，視野(しや)がせまくなり，暗くなる。

③高倍率の対物レンズは長いので，プレパラートとの間隔(かんかく)がせまくなる。

④ふつう観察物の上下左右が反対に見える。

プレパラートの動かし方

顕微鏡で，観察物を視野の中央に動かしたいときは，観察物が見える向きにプレパラートを動かす。

2

重要 花のつくり

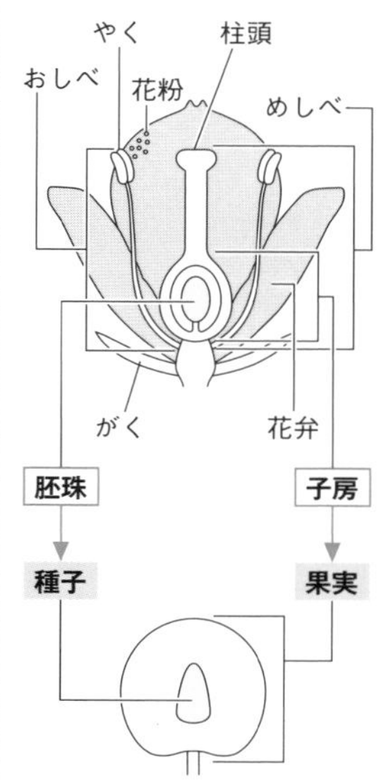

3 葉・根のつくり

(1) タンポポなどの双子葉類に見られる網目状の葉脈を何といいますか。 (　　　　)

(2) 下の図のA～Cの根をそれぞれ何といいますか。

A (　　　　) B (　　　　) C (　　　　)

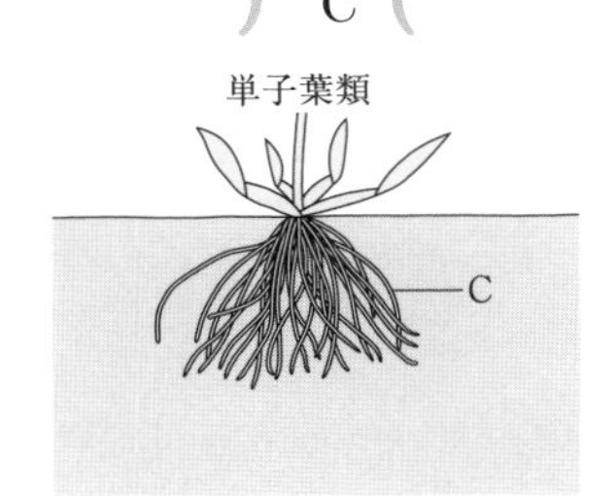

4 植物の分類

(1) 子葉が1枚の被子植物を何といいますか。(　　　　)

(2) 子葉が2枚ある植物で，花弁が1枚1枚離れている花をさかせる植物を何といいますか。 (　　　　)

(3) シダ植物やコケ植物のように種子をつくらない植物は，何をつくってなかまをふやしますか。 (　　　　)

(4) シダ植物とコケ植物のうち，葉・茎・根の区別があるのはどちらですか。 (　　　　)

5 動物の分類

(1) 背骨がある動物を何動物といいますか。 (　　　　)

(2) ホニュウ類の子のうまれ方は卵生と胎生のどちらですか。

(　　　　)

(3) 陸上に殻のある卵をうみ，体表がうろこでおおわれている動物のなかまを何類といいますか。 (　　　　)

(4) (1)で，幼生のときはえらや皮膚で呼吸を行い，成体になると肺や皮膚で呼吸を行う動物のなかまを何類といいますか。

(　　　　)

(5) 背骨がなく，からだやあしに節がある動物を何動物といいますか。 (　　　　)

(6) イカやアサリなどのように，骨格がなく内臓が外とう膜でおおわれている動物を何動物といいますか。 (　　　　)

3

根毛

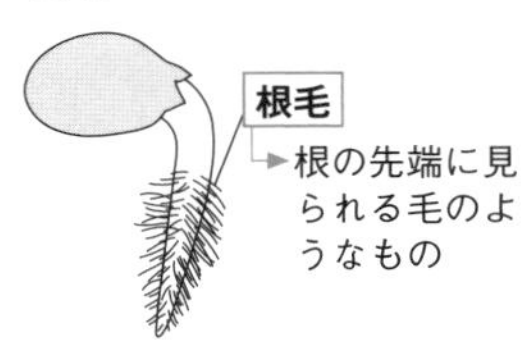

4

植物の分類

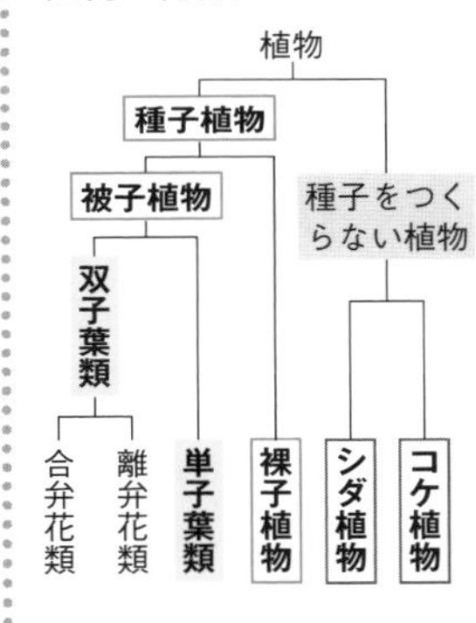

5

セキツイ動物の分類

	魚類	両生類	ハチュウ類	鳥類	ホニュウ類
呼吸	えら	(幼生)えら・皮膚 (成体)肺・皮膚	肺		
うまれ方	卵生 (殻がない)		(殻がある)		胎生
体表	うろこ	しめった皮膚	甲らうろこ	羽毛	毛
なかま	メダカ ウナギ	カエル イモリ	ヤモリ カメ	ハト ペンギン	クジラ ウサギ

6日目 生物の特徴と分類

定着させよう

解答➡別冊 p.12

1 次の文は，トウモロコシとアブラナの花を比較してまとめたものである。文中の［(1)］に入る適当な語句を，漢字２字で書きなさい。また，［(2)］，［(3)］に入る語句として，最も適当なものを，下の**ア**～**エ**から１つずつ選び，記号で答えなさい。　［10点×3］〈京都〉

(1)〔　　　　　〕　(2)〔　　　〕　(3)〔　　　〕

トウモロコシの雌花からのびた糸のようなものは，絹糸と呼ばれている。トウモロコシは雌花と雄花をさかせ，雌花からのびた絹糸に，雄花から出た花粉がつくことで受粉する。また，アブラナは右の図のようなつくりをしていて，めしべの［(1)］という部分に花粉がつくことで受粉する。

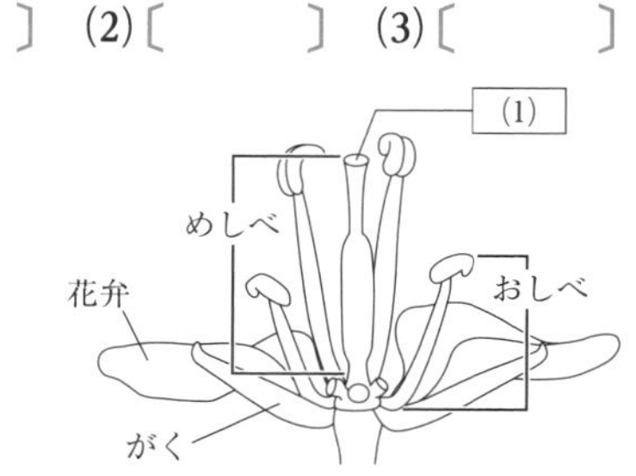

これらのことから，絹糸は［(1)］の役割をする部分であることがわかった。トウモロコシもアブラナも，受粉すると，やがて，子房は［(2)］になり，胚珠は［(3)］になる。

ア　種子　　**イ**　胚　　**ウ**　胞子　　**エ**　果実

2 下の図は，陸上の植物をA～Eのなかまに分けたものである。マツは，A～Eのどのなかまに入るか。１つ選び，記号で答えなさい。　［10点］〈山口〉

〔　　　〕

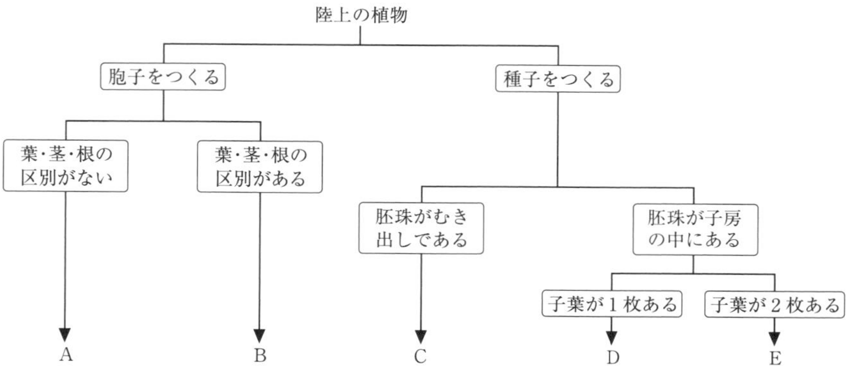

陸上の植物
- 胞子をつくる
  - 葉・茎・根の区別がない → A
  - 葉・茎・根の区別がある → B
- 種子をつくる
  - 胚珠がむき出しである → C
  - 胚珠が子房の中にある
    - 子葉が１枚ある → D
    - 子葉が２枚ある → E

3 図1の6種類の生物について，あとの問いに答えなさい。 〔10点×4〕〈茨城・改〉

図1

(1) バッタやザリガニ，イカのように背骨をもたない動物を何というか，書きなさい。

〔　　　　〕

(2) バッタとザリガニのからだの外側は，外骨格という殻でおおわれている。外骨格のはたらきについて説明しなさい。

〔　　　　〕

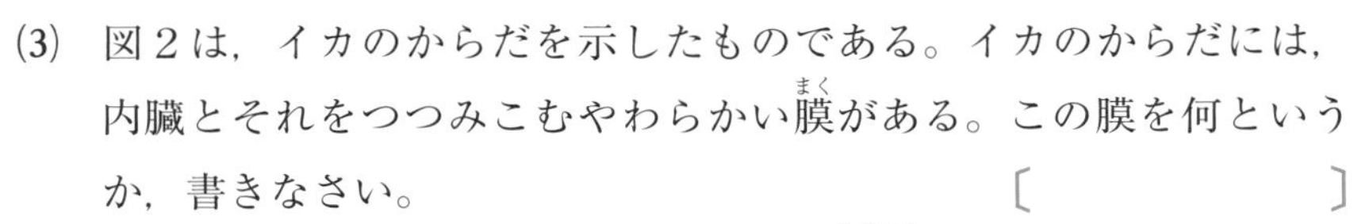

(3) 図2は，イカのからだを示したものである。イカのからだには，内臓とそれをつつみこむやわらかい膜(まく)がある。この膜を何というか，書きなさい。 〔　　　　〕

(4) 図1の生物のうち，クジラだけがもつ特徴(とくちょう)を説明した文として正しいものを，次の**ア**～**エ**から1つ選び，その記号を書きなさい。

〔　　〕

図2

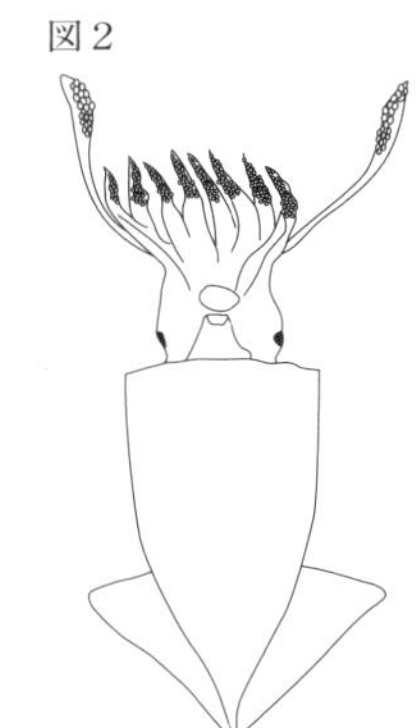

ア からだの表面は，しめったうろこでおおわれている。

イ えらで呼吸する。

ウ 雌の体内(子宮)で子としてのからだができてからうまれる。

エ 親はしばらくの間，うまれた子のせわをする。

4 太郎さんは，ヒトやニワトリなどいくつかの動物のからだのつくりや生活の特徴を調べた。下の表は，太郎さんが調べた結果をまとめたものであり，ⅠからⅣまでの特徴について，その特徴をもつ場合は○，もたない場合は×，子と親で特徴が異なる場合は△を記入してある。なお，**ア**～**カ**は，ヒト，ニワトリ，ヘビ，カエル，メダカ，イカのいずれかである。表の**ア**～**カ**から，ヒトとニワトリにあてはまるものとして最も適当なものをそれぞれ選び，記号で答えなさい。 〔10点×2〕〈愛知・改〉

ヒト〔　　〕 ニワトリ〔　　〕

	ア	イ	ウ	エ	オ	カ
Ⅰ 胎生(たいせい)である	×	×	○	×	×	×
Ⅱ 背骨がある	○	○	○	×	○	○
Ⅲ 肺で呼吸する	×	○	○	×	○	△
Ⅳ 体表はうろこである	○	○	×	×	×	×

学習日　　月　　日

7日目 生物のからだのつくりとはたらき

整理しよう

解答➡別冊 p.13

1 葉・茎・根のつくりとはたらき

(1) 根から吸収した水が通る管を何といいますか。
（　　　　　　）

(2) 葉でつくられた栄養分が通る管を何といいますか。
（　　　　　　）

(3) (1), (2)が集まった束を何といいますか。（　　　　　　）

(4) 右の図は，植物が葉で栄養分(デンプン)をつくるはたらきを模式的に表している。

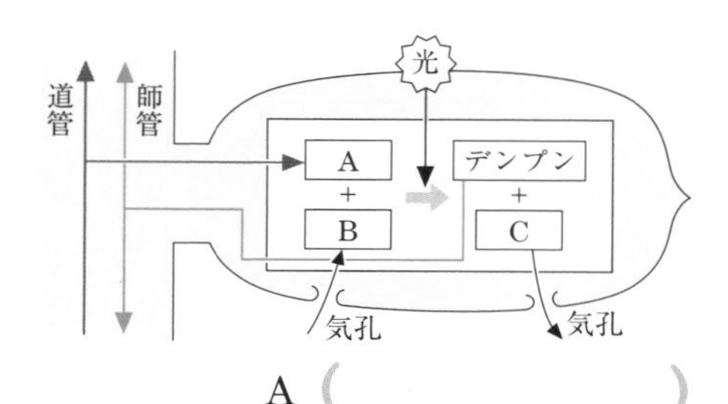

① A～Cの物質名を書きなさい。
A（　　　　　　）
B（　　　　　　）　C（　　　　　　）

② このはたらきを何といいますか。（　　　　　　）

③ このはたらきは細胞内の何というところで行っていますか。
（　　　　　　）

(5) 植物の葉や茎から，水が水蒸気となって空気中に出ていくことを何といいますか。（　　　　　　）

2 消化と吸収

(1) 胆汁以外の消化液にふくまれ，食物の中の栄養分を分解するはたらきがある物質を何といいますか。（　　　　　　）

(2) 消化された栄養分は，消化管のどの器官で吸収されますか。
（　　　　　　）

(3) (2)の内側の表面は，無数の突起におおわれている。この突起を何といいますか。（　　　　　　）

1

茎の断面図(双子葉類)

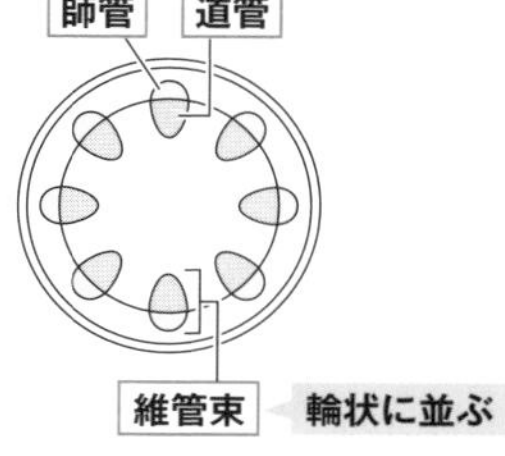

葉の断面図

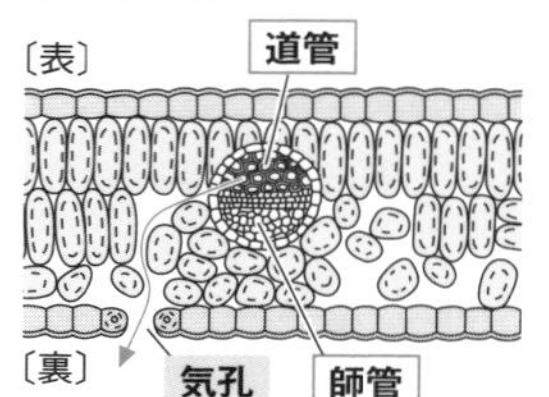

重要 光合成のしくみ

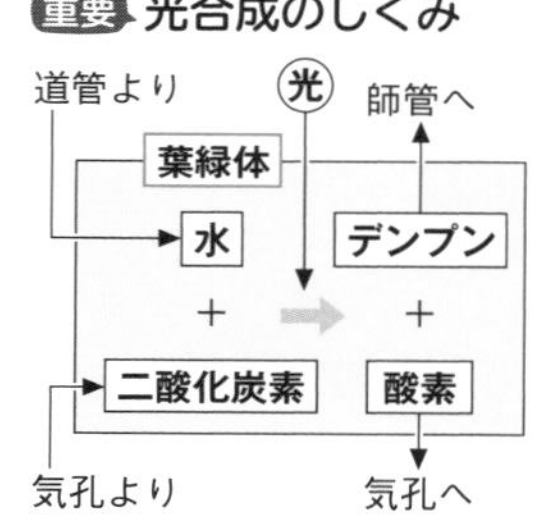

2

消化器官

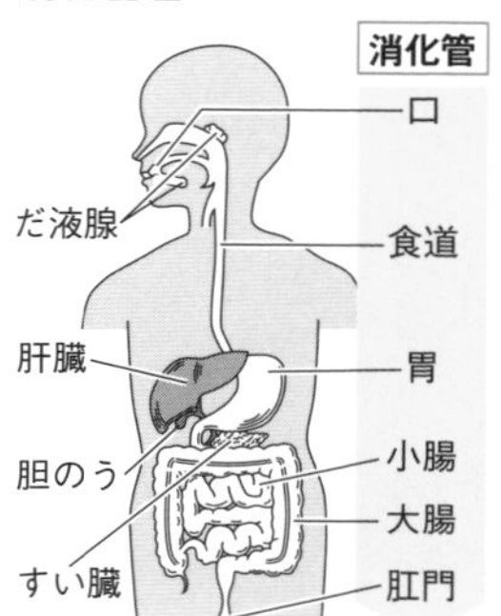

(4) (3)に吸収されたあと毛細血管に入る栄養分を，次のア～エからすべて選びなさい。 (　　　　)

ア 脂肪酸　　イ アミノ酸
ウ ブドウ糖　　エ モノグリセリド

3 呼吸と循環

(1) 肺の中に見られる無数の小さな袋を何といいますか。

(　　　　)

(2) 右の図は，ヒトの血液の成分を模式的に表したものである。次の①，②のはたらきをするものをA～Dから選んで記号で答え，その名称も書きなさい。

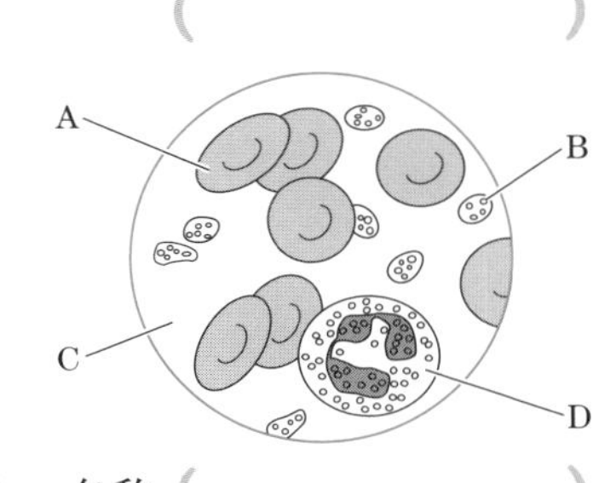

① 酸素を運ぶ。 記号(　　) 名称(　　　　)

② 細菌を分解する。

記号(　　) 名称(　　　　)

(3) 次の①，②の血液が流れる血管を，下のア～エからそれぞれ2つずつ選び，記号で答えなさい。

① 酸素を多くふくむ血液。 (　　　　)

② 二酸化炭素を多くふくむ血液。 (　　　　)

ア 大動脈　　イ 大静脈　　ウ 肺動脈　　エ 肺静脈

(4) 栄養分を最も多くふくむのは，何という器官を通ったばかりの血液ですか。 (　　　　)

(5) 二酸化炭素以外の不要物が最も少ない血液が流れているのは，何という器官を通ったばかりの血液ですか。

(　　　　)

4 刺激と反応

(1) 光を感じる感覚器官は何ですか。 (　　　　)

(2) 脳やせきずいを何神経といいますか。 (　　　　)

(3) 感覚神経や運動神経を何神経といいますか。

(　　　　)

(4) 刺激を受けて，無意識に起こる反応を何といいますか。

(　　　　)

柔毛

表面積が大きくなり，栄養分を効率よく吸収できる。

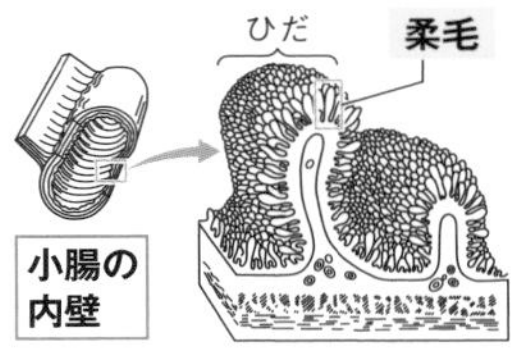

3

肺胞と毛細血管

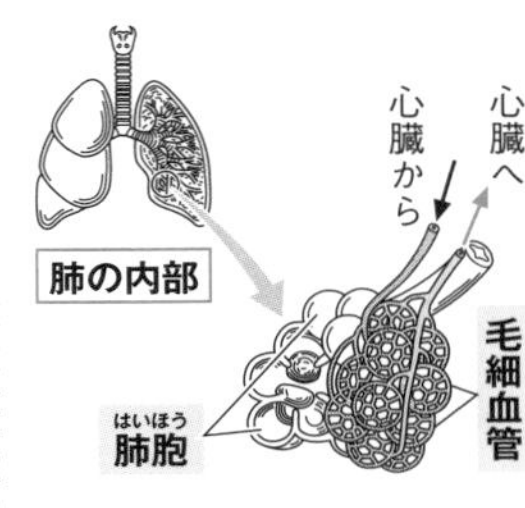

重要 血液の循環

①**心臓**…血液を送り出すポンプのはたらきをする。

②**じん臓**…血液中の不要物をこし出して**尿**をつくる。

③**肝臓**…有害なアンモニアを害の少ない**尿素**に変える。

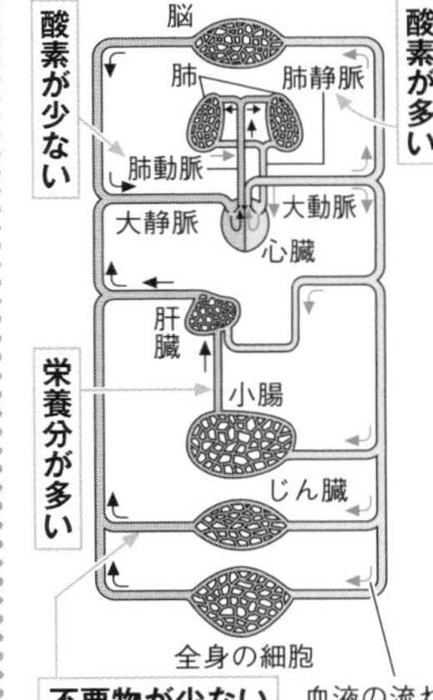

4

重要 反射

刺激を受け無意識に起こる反応を**反射**という。命令の信号は，せきずいなどの大脳以外の器官から出される。

例：熱いものに手がふれたとき，思わず手を引っこめる。

1日目 2日目 3日目 4日目 5日目 6日目 7日目 8日目 9日目 10日目

生物のつくりとはたらき

定着させよう

解答➡別冊 p.15

1 次の①～③の手順で実験を行った。これについて，あとの問いに答えなさい。〔8点×2〕〈兵庫〉

① 鉢植のアサガオのふ入りの葉を，実験前日に右の図のようにアルミニウムはくで一部をおおっておき，当日，光をじゅうぶんに当てる。

② この葉を熱湯につけ，あたたかいエタノールに浸(ひた)したあと，水洗いする。

③ 水洗いした葉をうすいヨウ素液に浸して，葉の色の変化を観察する。

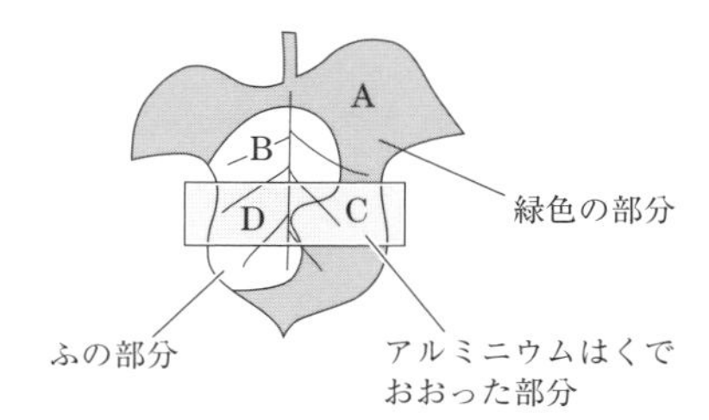

(1) ②の操作を行う理由を，次の**ア**～**エ**から１つ選び，記号で答えなさい。〔　　〕

ア 葉を消毒して，葉の表面をきれいにするため。

イ 葉の表皮などをとかして，葉脈だけの状態にするため。

ウ 葉を脱色して，色の変化を見やすくするため。

エ 葉にあるデンプンをふやして，ヨウ素液とよく反応させるため。

(2) この実験で，光合成に光が必要かどうかを調べるためには，図のA～Dのどの部分とどの部分を比較すればよいか。適当なものを次の**ア**～**エ**から１つ選び，記号で答えなさい。

〔　　〕

ア AとB　　**イ** BとD　　**ウ** CとD　　**エ** AとC

2 次の文章は，食物の消化と吸収について述べたものである。文章中の ① ・ ② にあてはまる語をそれぞれ書きなさい。また，文章中の ③ にあてはまる器官を，図中のA～Dから選び，その記号を書きなさい。

〔8点×3〕〈広島〉

①〔　　　　〕②〔　　　　〕

③〔　　〕

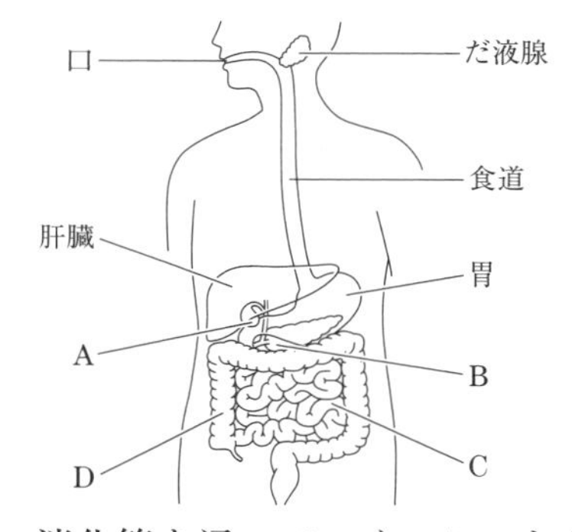

口からとり入れた食物は歯でかみくだかれて飲みこまれ，消化管を通っていく。このとき，食物にふくまれるデンプン，タンパク質，脂肪などの栄養分のうち， ① は，胃液中の ② という消化酵素(しょうかこうそ)のはたらきで一部が分解され，さらに消化管を進み，別の消化酵素のはたらきで最終的にからだに吸収される形にまで分解される。ほかの栄養分も，消化酵素などのはたらきで吸収される形にまで分解される。これらの最終的に分解されたものの多くは，図中の ③ の壁から吸収される。

3 図は，ヒトの各器官と血液が循環(じゅんかん)する経路を模式的に表したものであり，図中の→は血液の流れの方向を示している。次の問いに答えなさい。 ［8点×3］〈高知〉

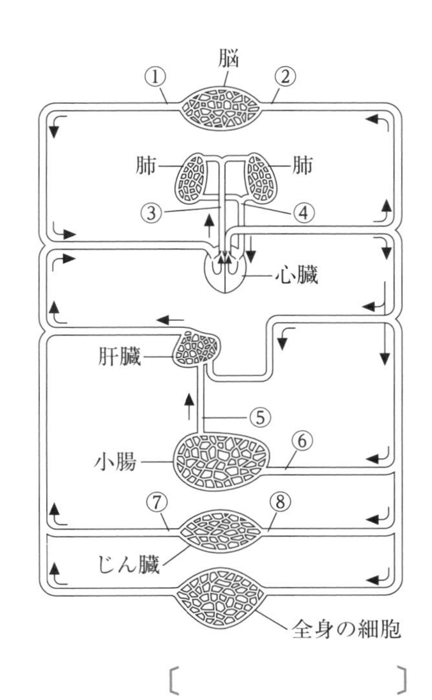

(1) 図中の①～⑧で示した部分の血管のうち，酸素が最も多くふくまれた血液が流れているのはどれか。また，食物から吸収した栄養分が最も多くふくまれた血液が流れているのはどれか。正しいものを，図中の①～⑧からそれぞれ１つずつ選び，その番号を書きなさい。

酸素が最も多くふくまれた血液〔　　　〕

栄養分が最も多くふくまれた血液〔　　　〕

(2) 肝臓には，血液中にふくまれる有害な物質を無害な物質に変えるはたらきがある。このことについて述べた次の文中の X にあてはまる語を書きなさい。 〔　　　　　〕

タンパク質の分解によって生じた有害な物質であるアンモニアは，肝臓で無害な物質である X に変えられる。

4 刺激に対する反応には，刺激に対して，意識して起こす反応と無意識に起こる反応がある。意識して起こす反応には，「背中がかゆいので，手で背中をかいた。」や「手をにぎられてから，となりの人の手をにぎった。」などがあり、無意識に起こる反応には，「熱いものにふれたとき，思わず手を引っこめた。」などがある。次の問いに答えなさい。 ［9点×4］〈三重〉

(1) 右の図は，皮膚(ひふ)，神経，筋肉のつながりを示したものである。「背中がかゆいので，手で背中をかいた。」という意識して起こす反応では，刺激を受けとってから反応するまでに，刺激や命令の信号はどのような経路で伝わるか。図のA～Fから必要なものを選び，伝わる順に記号を左から並べて書きなさい。 〔　　　　　〕

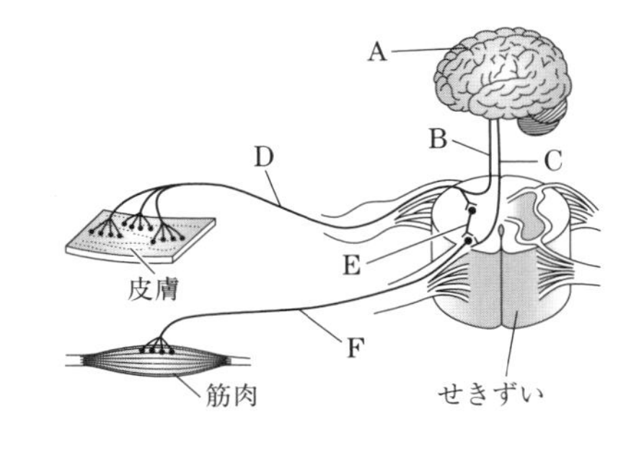

(2) 「熱いものにふれたとき，思わず手を引っこめた。」などの無意識に起こる反応を何というか。その名称を書きなさい。また，無意識に起こる反応として，適当なものを次の**ア**～**エ**から２つ選びなさい。 名称〔　　　　〕 記号〔　　〕〔　　〕

ア 明るい場所へ移動すると，目のひとみが小さくなった。

イ うしろから友人に声をかけられたので，ふり返った。

ウ 朝，目覚(めざ)まし時計が鳴ったので，急いで止めた。

エ 口の中に食物を入れると，だ液が出てきた。

生物のふえ方と遺伝・生態系

整理しよう

解答➡別冊 p.16

1 細胞分裂

下の図は，植物の細胞分裂のときに見られる細胞のようすを示しているが，分裂の順には並んでいない。

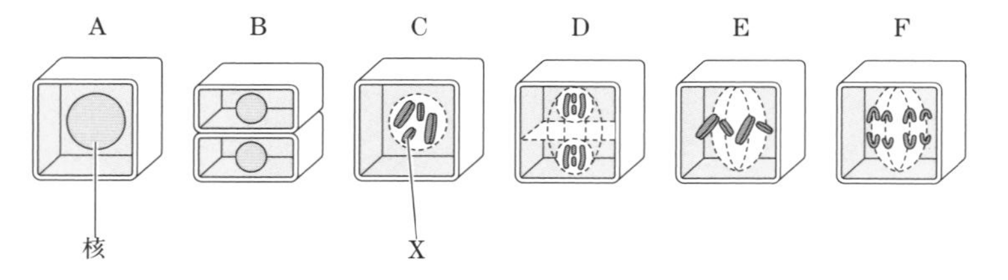

(1) 図中CのXのようなひも状のものを何といいますか。

（　　　　）

(2) 図のA～Fを，Aをはじめとして細胞分裂の順に並べなさい。

（ A →　　→　　→　　→　　→　　）

2 生物のふえ方

(1) 単細胞生物が分裂（ぶんれつ）によってふえるように，雌雄にもとづかない生殖のことを何といいますか。（　　　　）

(2) (1)のなかで，いもやさし木のように，植物のからだの一部から新しい個体をつくる生殖を何といいますか。

（　　　　）

(3) 精細胞（せいさいぼう）や卵細胞（らんさいぼう），または，精子（せいし）や卵のような雌雄の生殖細胞（せいしょくさいぼう）の核が合体することを何といいますか。（　　　　）

(4) (3)を行う，雌雄にもとづく生殖を何といいますか。

（　　　　）

(5) 花粉が柱頭（ちゅうとう）につく（受粉）と，精細胞の通り道となる管が花粉から胚珠（はいしゅ）に向かってのびていく。この管を何といいますか。

（　　　　）

1

動物の細胞分裂

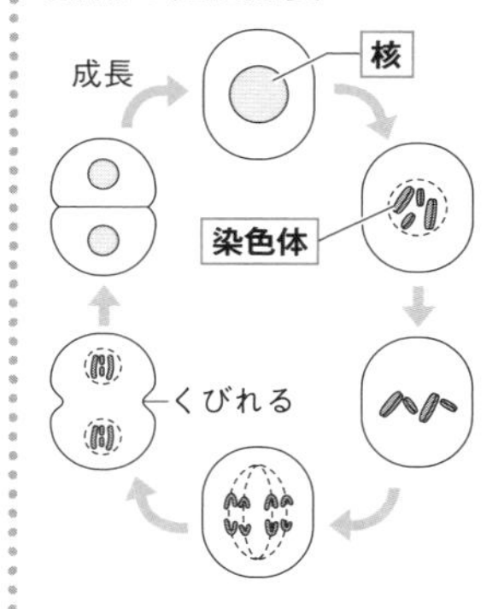

2

無性生殖

①分裂…単細胞生物
②いも…ジャガイモ（茎（くき））
　　　サツマイモ（根）
③さし木…アジサイ
④葉…セイロンベンケイ
⑤ほふく茎（けい）…オリヅルラン

重要 植物の有性生殖

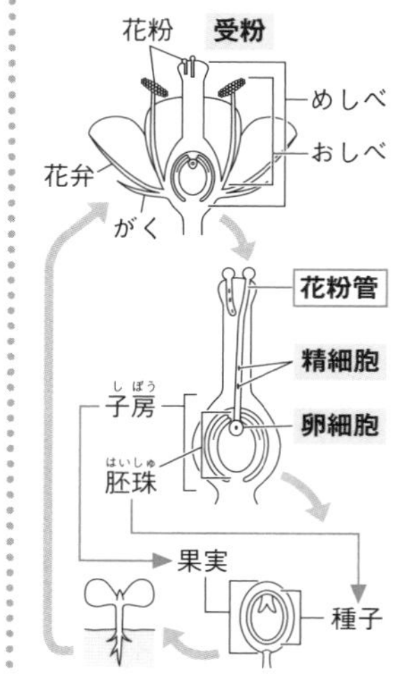

3 遺伝と進化

(1) 親のもつ形質を子に伝えるものを何といいますか。
（　　　　　　）

(2) (1)は細胞の核の何の中にありますか。（　　　　　　）

(3) (1)の本体を，アルファベット３文字で書きなさい。
（　　　　　　）

(4) 生殖細胞をつくるときの特別な細胞分裂を何といいますか。
（　　　　　　）

(5) (4)によってつくられた生殖細胞の染色体の数は，体細胞の染色体の数の何倍ですか。（　　　　　　）

(6) エンドウの種子には丸い種子としわのある種子がある。純系の丸い種子と純系のしわのある種子を交配させたところ，子はすべて丸い種子となった。子どうしを自家受粉させたとき，孫の代に現れる丸い種子としわのある種子の割合は何：何ですか。
（丸い種子：しわのある種子＝　　　：　　　）

(7) 生物が長い年月をかけて，代を重ねる間に変化することを何といいますか。（　　　　　　）

(8) はたらきや外形は異なっているが，基本的なつくりが同じで，起源が同じであったと考えられる器官を何といいますか。
（　　　　　　）

4 生態系

(1) 「食べる・食べられる」という関係での生物どうしのつながりを何といいますか。（　　　　　　）

(2) 右の図は，自然界での物質の循環を示している。

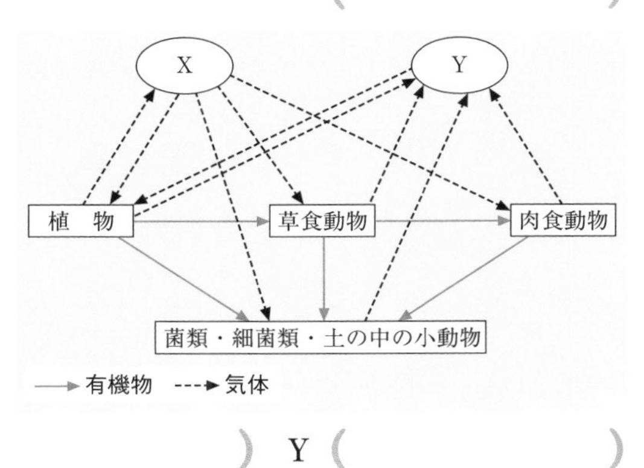

① X，Yは気体である。それぞれの名称を書きなさい。
X（　　　　　　）　Y（　　　　　　）

② Xをとり入れてYを出すはたらきは何ですか。
（　　　　　　）

3

重要 遺伝の規則性

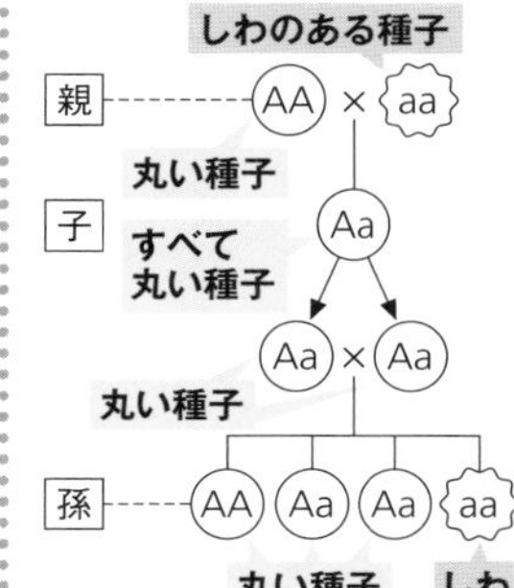

※次世代の遺伝子の組み合わせの求め方

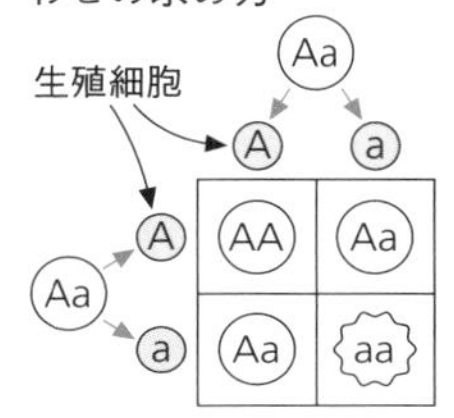

4

生態系と食物連鎖

①**生態系**…ある地域の生物と生物以外の環境を総合的にとらえたもの。
②**食物連鎖**…「**食べる・食べられる**」という関係でのつながり。
③**食物網**…食物連鎖による網の目のようなつながり。
④**生産者**…**光合成**によって有機物をつくる生物。
⑤**消費者**…**食べる**ことで有機物をとり入れる生物。
⑥**分解者**…**菌類**や**細菌類**，土中で生物の死がいや排出物を食べる小動物など。

生物の個体数

食物連鎖の上位の生物ほど個体数が少ない。

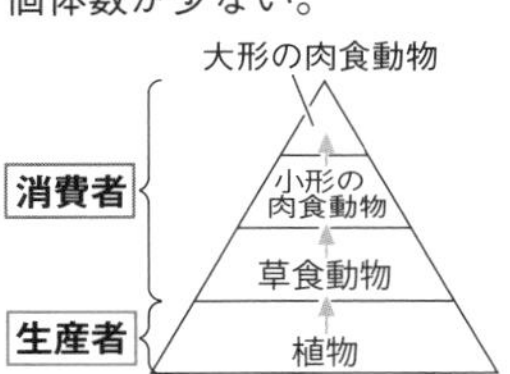

生物のふえ方と遺伝・生態系

定着させよう

解答➡別冊 p.17

1 右の図は，ある植物の根の先端部を表したものである。A～Cの部分の細胞の核を染色し，顕微鏡を用いて同じ倍率で観察した。次の問いに答えなさい。

［9点×2］〈佐賀〉

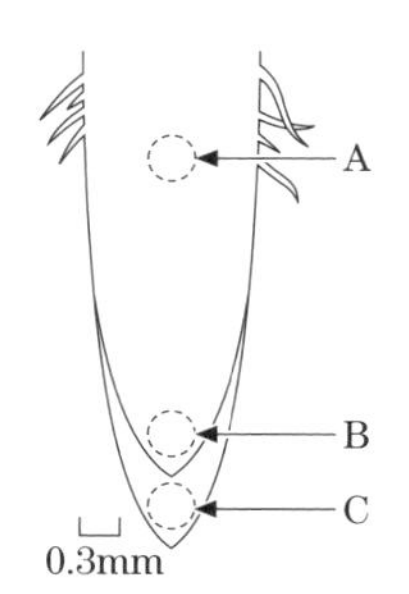

(1) 細胞内の核のようすを観察するときに使う染色液として最も適当なものを，次の**ア**～**エ**から1つ選び，記号を書きなさい。

〔　　　〕

ア　ヨウ素液　　　**イ**　フェノールフタレイン溶液

ウ　ベネジクト液　　**エ**　酢酸(さくさん)カーミン液

(2) 右の**ア**～**ウ**は，図のA～Cのいずれかの部分で観察された細胞のようすを示したものである。図のBの部分で観察された細胞のようすを示したものとして最も適当なものを**ア**～**ウ**から1つ選び，記号を書きなさい。

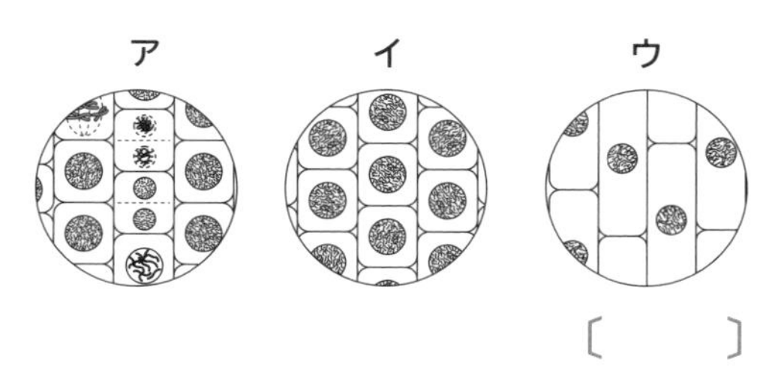

〔　　　〕

2 有性生殖(ゆうせいせいしょく)でふえるカエルの受精卵の変化を観察した。次の問いに答えなさい。

［7点×6］〈富山〉

(1) 右の**ア**は，カエルの受精卵，**イ**～**オ**は，その後の細胞分裂のようすをスケッチしたものである。**ア**から細胞分裂の順に並びかえ，記号で答えなさい。

ア　　**イ**　　**ウ**　　**エ**　　**オ**

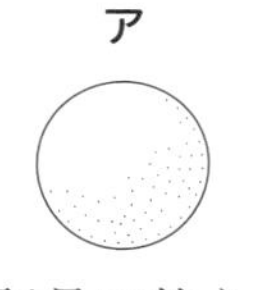
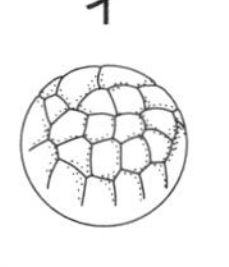
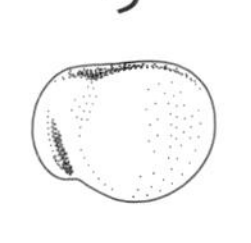
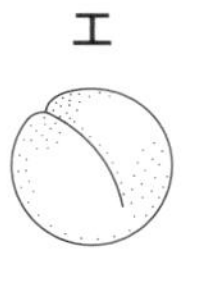
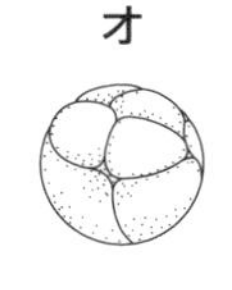

〔 **ア** →　　→　　→　　→　　〕

(2) 受精卵が細胞分裂を始めてから，からだのつくりとはたらきが完成していく過程を何というか。また，自分で食物をとることができるようになる前までの個体を何というか，それぞれ書きなさい。　過程〔　　　　〕　個体〔　　　　〕

(3) このカエルのからだをつくる細胞の染色体の数が22本であるとして，次の文中の（　①　）には適切なことばを，（　②　），（　③　）にはそれぞれ適切な数を書きなさい。

①〔　　　　〕②〔　　　　〕③〔　　　　〕

卵や精子(せいし)がつくられるとき，特別な細胞分裂である（　①　）が行われ，染色体の数がそれぞれ（　②　）本になる。卵と精子が受精してできた受精卵の染色体の数は，（　③　）本である。

3 エンドウの種子の形が子や孫にどのように遺伝するかを調べるために，次の［実験１］，［実験２］を行った。この実験に関して，あとの問いに答えなさい。　［8点×3］〈新潟・改〉

［実験１］　丸形の種子をつくる純系のエンドウと，しわ形の種子をつくる純系のエンドウをかけ合わせたところ，右の図のように，できた種子（子）はすべて丸形になった。

［実験２］　実験１で得られた丸形のエンドウの種子（子）を育て，自家受粉させたところ，右の図のように，丸形としわ形の両方の種子（孫）ができた。

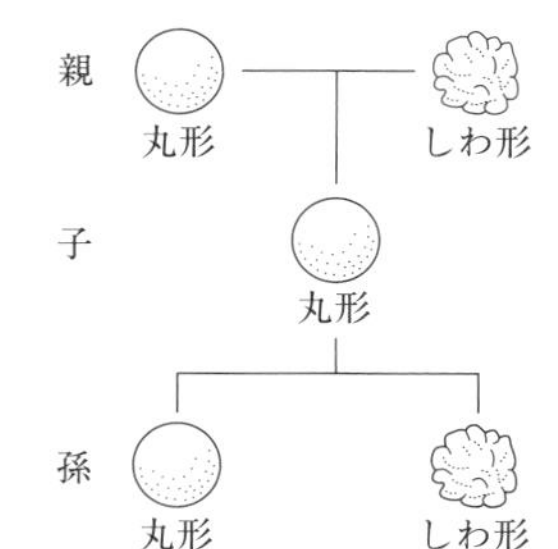

(1)　実験１のように，対立形質をもつ純系の親どうしをかけ合わせたとき，子に現れる形質を何というか。その用語を書きなさい。〔　　　　　〕

(2)　次の文は，実験１について述べたものである。種子の形を丸形にする遺伝子をA，しわ形にする遺伝子をaで表すとき，文中の［X］，［Y］にあてはまる語句の組み合わせとして，最も適当なものを，下の**ア**～**エ**から１つ選び，記号で答えなさい。〔　　　〕

　実験１で用いた丸形の純系のエンドウとしわ形の純系のエンドウがつくる生殖細胞の遺伝子は，それぞれ［X］になり，得られた子の遺伝子の組み合わせは［Y］になる。

ア　〔X．Aとa，　Y．Aa〕
イ　〔X．Aとa，　Y．AAとAa〕
ウ　〔X．AAとaa，Y．Aa〕
エ　〔X．AAとaa，Y．AAとAa〕

(3)　実験２について，得られた種子（孫）が1068個であるとき，得られた種子（孫）のうち，丸形の種子は何個か。最も適当なものを，次の**ア**～**エ**から１つ選び，記号で答えなさい。〔　　　〕

ア　267個　　**イ**　356個　　**ウ**　712個　　**エ**　801個

4 右の図は，陸上のある場所における草食動物，小形の肉食動物，大形の肉食動物，植物についての食べる・食べられるの数量的な関係を表したもので，下の層ほど数量が多いことを示している。次の問いに答えなさい。　［8点×2］〈徳島・改〉

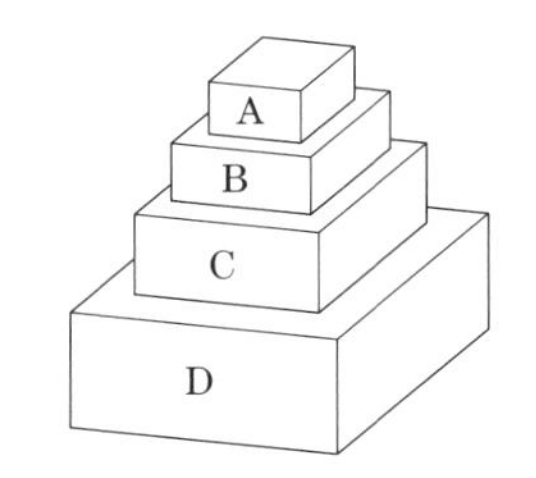

(1)　図の関係が成り立っているとき，Aにあたるものはどれか。次の**ア**～**エ**から１つ選び，記号で答えなさい。〔　　　〕

ア　草食動物　　**イ**　小形の肉食動物　　**ウ**　大形の肉食動物　　**エ**　植物

(2)　何らかの原因でCの生物が急激にふえたとき，次の段階として，BやDの生物の数量変化はどうなるか。簡単に説明しなさい。

〔　　　　　　　　　　　　　　　　　　　〕

9日目 地震・火山・天気

整理しよう

解答➡別冊 p.18

1 地震

(1) 地震が発生した地下の場所を何といいますか。
（　　　　　）

(2) (1)の真上の地表の点を何といいますか。
（　　　　　）

(3) 観測地点でのゆれの大きさは，何によって表しますか。
（　　　　　）

(4) 地震の規模は何という尺度で表しますか。（　　　　　）

(5) 地震が発生したとき，はじめに起こる小さなゆれを何といいますか。（　　　　　）

(6) 地震が発生したとき，あとから起こる大きなゆれを何といいますか。（　　　　　）

2 火山と地層

(1) ねばりけの強いマグマが冷えて岩石となったとき，白っぽくなりますか，黒っぽくなりますか。（　　　　　）

(2) 傾斜がゆるやかな火山をつくるのは，ねばりけの強いマグマですか，弱いマグマですか。（　　　　　）

(3) 右の図のような火成岩のつくりを何といいますか。（　　　　　）

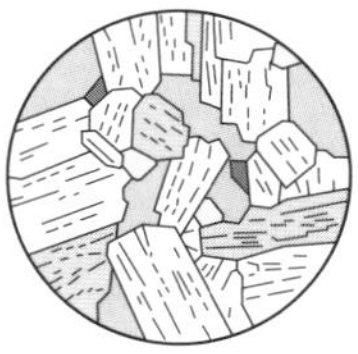

(4) 右の図のようなつくりをした白っぽい火成岩を次から選びなさい。（　　）

ア 安山岩　イ 玄武岩　ウ 花こう岩　エ はんれい岩

(5) 流水が，風化した岩石の表面や川岸などをけずるはたらきを何といいますか。（　　　　　）

(6) 地層が堆積した年代を知る手がかりとなる化石を何といいますか。（　　　　　）

1

重要 P波とS波

P波…初期微動を起こす波。
S波…主要動を起こす波。

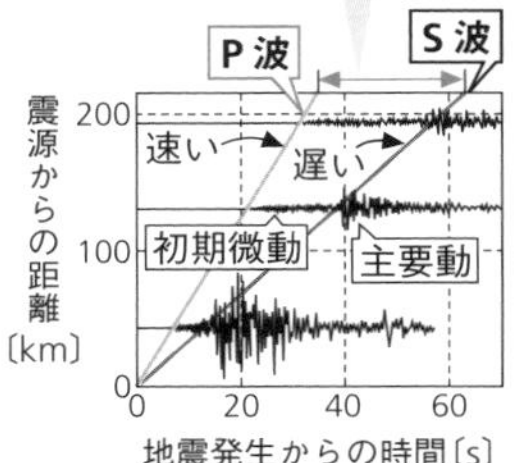

※初期微動継続時間は，震源からの距離にほぼ比例。

2

火成岩

マグマが冷え固まった岩石。

	火山岩
でき方	マグマが**地表**や**地表近く**で，**急に冷やされた。**
つくり	斑状組織（斑晶・石基） 
例	流紋岩・安山岩・玄武岩

	深成岩
でき方	マグマが**地下深く**で，**ゆっくり冷やされた。**
つくり	等粒状組織 
例	花こう岩・せん緑岩・はんれい岩

代表的な示相化石

・サンゴ…あたたかく浅い海。
・アサリ…浅い海。

代表的な示準化石

・三葉虫…古生代
・アンモナイト…中生代
・ビカリア…新生代

3 雲のでき方

(1) 同じ大きさの力がはたらくとき，力がはたらく面積が小さくなるほど圧力の大きさはどうなりますか。（　　　）

(2) 空気中の水蒸気が飽和し，凝結して水滴になり始める温度を何といいますか。（　　　）

(3) 25℃の空気 1 m³に11.5 gの水蒸気がふくまれていたとき，この空気の湿度は何%ですか。ただし，25℃の飽和水蒸気量は23.0 g/m³である。（　　　）

(4) 雲ができやすいのは，上昇気流と下降気流のどちらが起こっているところですか。（　　　）

(5) 雲ができやすいのは，高気圧と低気圧のどちらの付近ですか。（　　　）

(6) 風は，高気圧から低気圧へ向かって吹きますか，低気圧から高気圧へ向かって吹きますか。（　　　）

4 日本の天気

(1) 寒気が暖気を押し上げるように進むところにできる前線を何といいますか。（　　　）

(2) 前線が通過したあと，風向きが変わり，気温が急激に下がるのは，何という前線が通過したときですか。（　　　）

(3) (2)の前線が通過したあとの風向きはどのようになるか，次の**ア**～**エ**から選びなさい。（　　）

ア 東寄りの風　**イ** 西寄りの風

ウ 北寄りの風　**エ** 南寄りの風

(4) 右の図は，いつごろの天気図か。次の**ア**～**エ**から選びなさい。（　　）

ア 春　**イ** 梅雨

ウ 夏　**エ** 冬

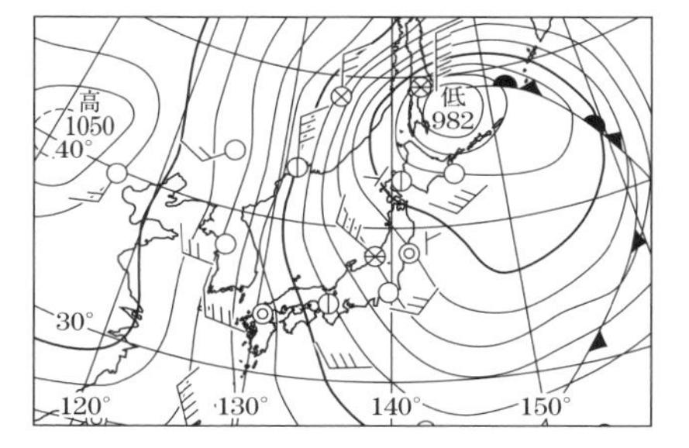

(5) 熱帯低気圧が発達して最大風速が17.2 m/s以上になったものを何といいますか。（　　　）

3

圧力〔Pa〕

$$\frac{\text{面を垂直に押す力〔N〕}}{\text{力が加わる面の面積〔m}^2\text{〕}}$$

飽和水蒸気量と湿度

①飽和水蒸気量… 1 m³の空気中にふくむことのできる最大の水蒸気量。

②湿度〔%〕＝ $\frac{\text{空気1m}^3\text{中の水蒸気量}}{\text{飽和水蒸気量}}\times 100$

高気圧と低気圧

高気圧…中心から時計まわりに空気が吹き出す。

低気圧…中心へ反時計まわりに空気が吹きこむ。

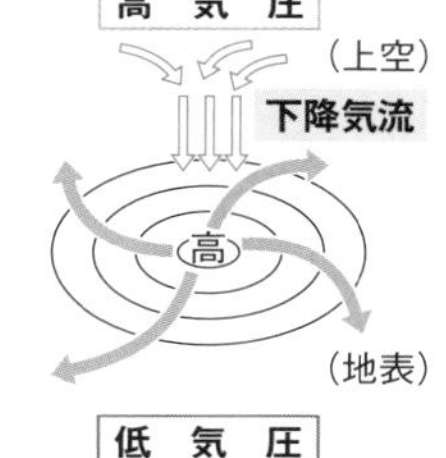

4

重要 低気圧と前線

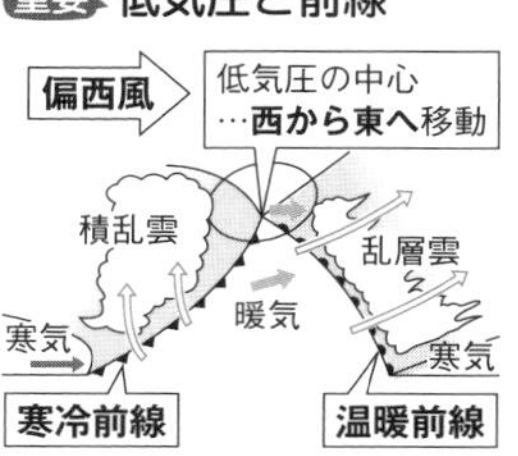

1日目 2日目 3日目 4日目 5日目 6日目 7日目 8日目 9日目 10日目

9日目 地震・火山・天気

定着させよう

解答➡別冊 p.19

1 図1は，栃木県北部で起こった地震のゆれを新潟県の観測地点Aの地震計で記録したものである。また，図2は，この地震が発生してからP波およびS波が届くまでの時間と震源(しんげん)からの距離(きょり)との関係を示したものである。次の問いに答えなさい。　〔10点×4〕〈群馬〉

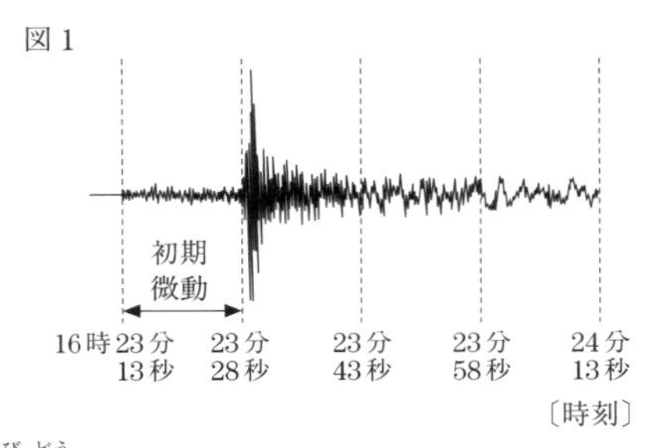

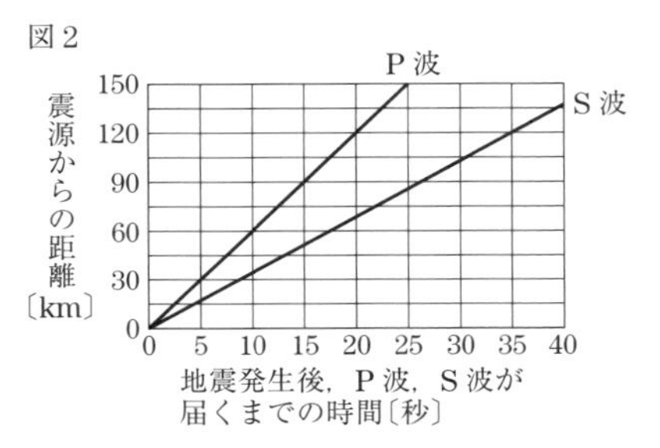

(1) 初期微動(しょきびどう)に続く大きなゆれを何といいますか。〔　　　〕

(2) 過去にくり返し地震を起こし，今後も地震を起こす可能性がある断層を何といいますか。〔　　　〕

(3) 図1と図2から，

① この地震の震源から観測地点Aまでの距離はいくらと考えられますか。〔　　　〕

② 地震が発生した時刻は何時何分何秒と考えられますか。〔　　　〕

2 次の図は，ある地点で見られる地層の重なりや，それらの地層をつくっている堆積岩(たいせきがん)や化石についてまとめたものである。次の問いに答えなさい。　〔10点×3〕〈三重〉

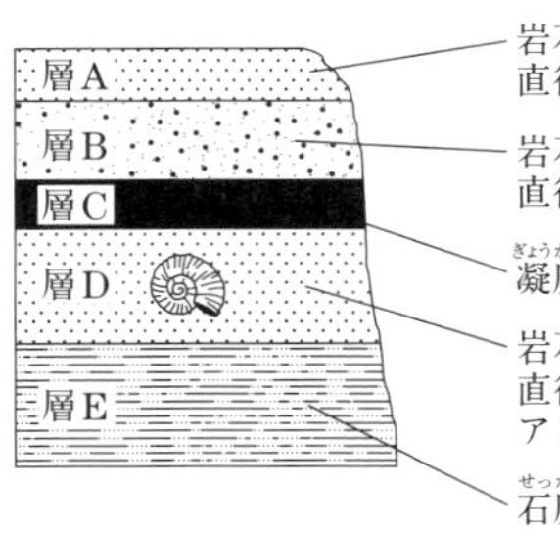

(1) 層Bで見られる堆積岩は何と考えられるか，最も適当なものを次の**ア**～**エ**から1つ選び，記号で答えなさい。〔　　　〕

ア　泥岩(でいがん)　　**イ**　砂岩　　**ウ**　れき岩　　**エ**　花こう岩

(2) 層Dで見られるアンモナイトの化石のように，地層ができた時代を推定することができる化石を何というか，その名称を書きなさい。また，層Dが堆積(たいせき)したのはいつの時代だと考えられるか，最も適当なものを次の**ア**～**ウ**から1つ選び，記号で答えなさい。

名称〔　　　〕　記号〔　　　〕

ア　古生代　　**イ**　中生代　　**ウ**　新生代

3 水は，雲や雨などにすがたを変えながら地球上を循環(じゅんかん)している。次の問いに答えなさい。

［10点×2］〈兵庫〉

(1) 右の図に示す曲線は，気温と飽和(ほうわ)水蒸気量の関係を表している。気温11℃，湿度60％の空気の露点(ろてん)として適切なものを，次の**ア**～**エ**から１つ選び，その記号で答えなさい。　〔　　　〕

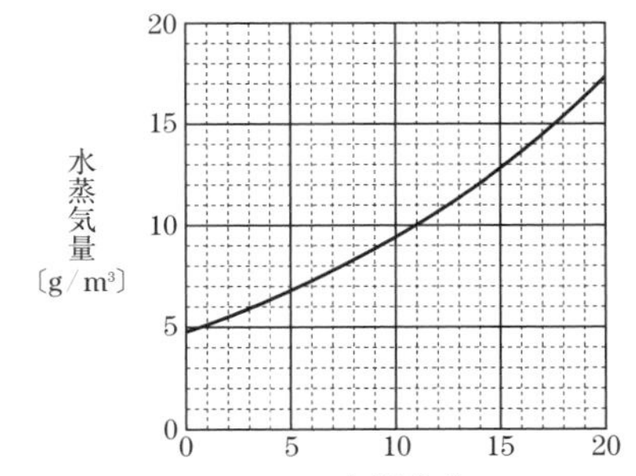

ア　約１℃　　　**イ**　約３℃

ウ　約５℃　　　**エ**　約８℃

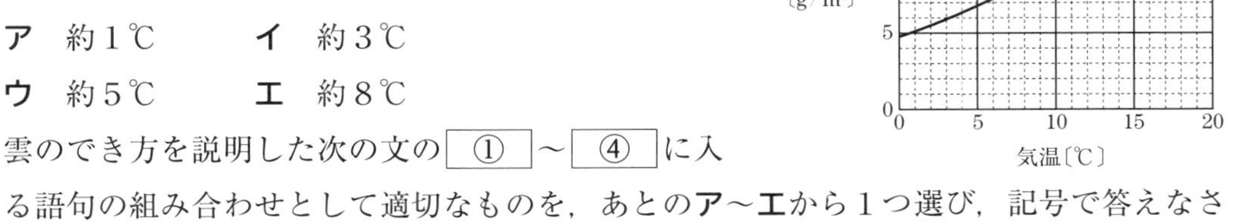

(2) 雲のでき方を説明した次の文の［①］～［④］に入る語句の組み合わせとして適切なものを，あとの**ア**～**エ**から１つ選び，記号で答えなさい。　〔　　　〕

空気が上昇すると，上空に行くほど周囲の気圧が［①］なり，膨張(ぼうちょう)して温度が［②］。さらに上昇して温度が露点よりも［③］なると，空気中の［④］になる。これが雲である。

ア	①高く	②下がる	③低く	④小さな水滴や氷の結晶の一部が水蒸気
イ	①高く	②上がる	③高く	④水蒸気の一部が小さな水滴や氷の結晶
ウ	①低く	②下がる	③低く	④水蒸気の一部が小さな水滴や氷の結晶
エ	①低く	②上がる	③高く	④小さな水滴や氷の結晶の一部が水蒸気

4 図は，茨城県内のある場所で，３時間ごとの気温，湿度を２日間測定し，天気を記録したものである。この観測記録から考察したこととして正しいものを，次の**ア**～**エ**から１つ選び，記号で答えなさい。ただし，図中のA，Bは気温，湿度のいずれかを表している。［10点］〈茨城〉

〔　　　〕

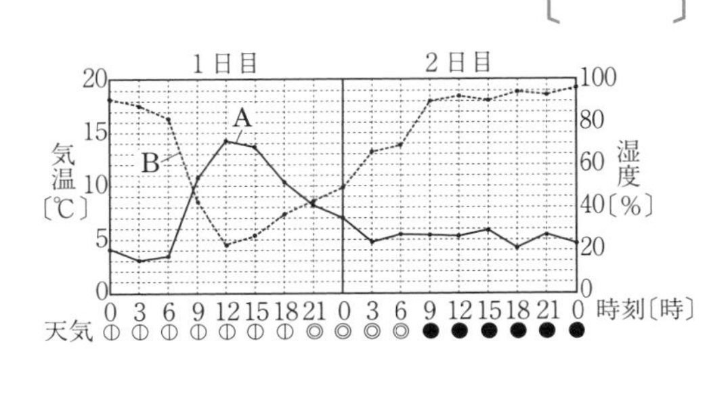

ア　晴れた日の日中は気温が上がると湿度が下がることが多いことから，Aが気温，Bが湿度を表す。

イ　くもりや雨の日の日中は気温が上がると湿度が下がることが多いことから，Aが気温，Bが湿度を表す。

ウ　くもりや雨の日の日中は，気温・湿度ともに変化が小さいことから，Aが湿度，Bが気温を表す。

エ　晴れた日の日中は，気温・湿度ともに変化が小さいことから，Aが湿度，Bが気温を表す。

地球と宇宙

整理しよう

解答➡別冊 p.20

1 天体の1日の動き

(1) 北の空の星は，北極星を中心にして4時間で約［①］度，［②］回りに動く。
［①］，［②］にあてはまる語句を答えなさい。
①（　　　　）②（　　　　）

(2) 太陽などの天体が真南の位置にくることを何といいますか。
（　　　　）

(3) 天体の日周運動が起こる原因は何か。次のア〜エから1つ選びなさい。（　　）

ア　太陽の自転　　**イ**　太陽の公転
ウ　地球の自転　　**エ**　地球の公転

2 天体の1年の動き

(1) 19時に南中した星が10か月後に南中するのは何時ごろか。24時制の時刻で答えなさい。（　　　　）

(2) 21時に真東の地平線から出た星が21時に南中するのは何か月後ですか。（　　　　）

(3) 天球上の太陽の見かけの通り道を何といいますか。
（　　　　）

(4) 右の図は，春分，夏至（げし），冬至（とうじ）の太陽の通り道を表したものである。春分と夏至の太陽の動きを，図のA〜Cから1つずつ選びなさい。

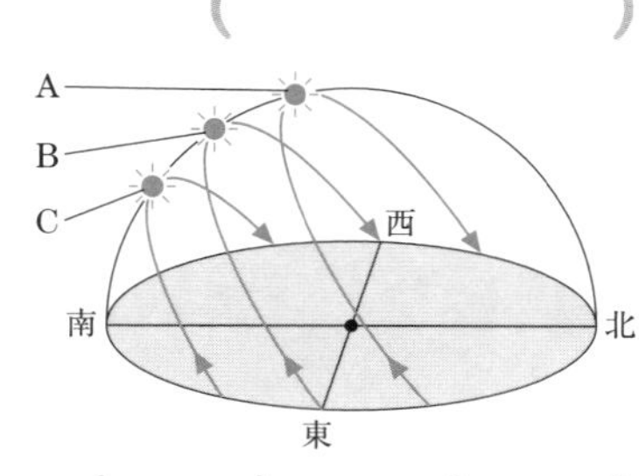

春分（　　）夏至（　　）

1

東西南北の空の星の動き

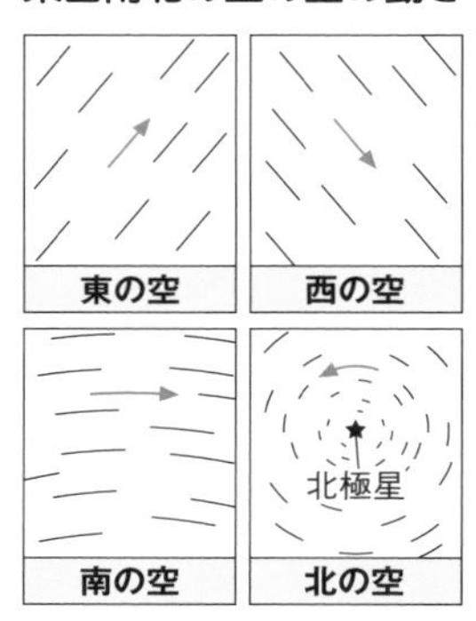

2

星の日周運動と年周運動

①星の日周運動
・北の空の星…北極星を中心にして1時間で約15°ずつ反時計回りに動く。
・南の空の星…東から西へ1時間に約15°ずつ時計回りに動く。

②星の年周運動
・同じ星が同じ位置に見える時刻(南中時刻など)は，1か月で約2時間ずつ早くなる。
・同じ星が同じ時刻に見える位置は，1か月で約30°ずつ日周運動と同じ向きに移動している。

太陽の南中高度

①春分・秋分
90°－緯度
②夏至
90°－(緯度－23.4°)
③冬至
90°－(緯度＋23.4°)

3 太陽と月

(1) 右の図は，太陽の模式図である。

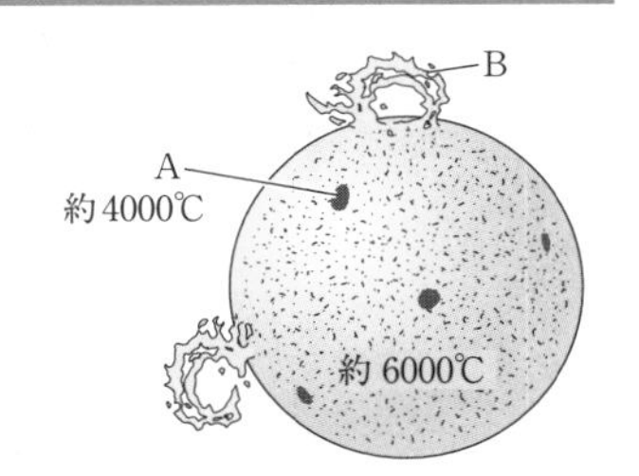

① Aのような黒いしみのように見える部分を何といいますか。
( )

② Bのような炎(ほのお)のように見えるガスの動きを何といいますか。 ( )

③ 皆既(かいき)日食のときに見られる，太陽をとり巻く100万℃以上のガスの層を何といいますか。 ( )

(2) 次の図は，太陽・月・地球の位置関係の変化の模式図である。

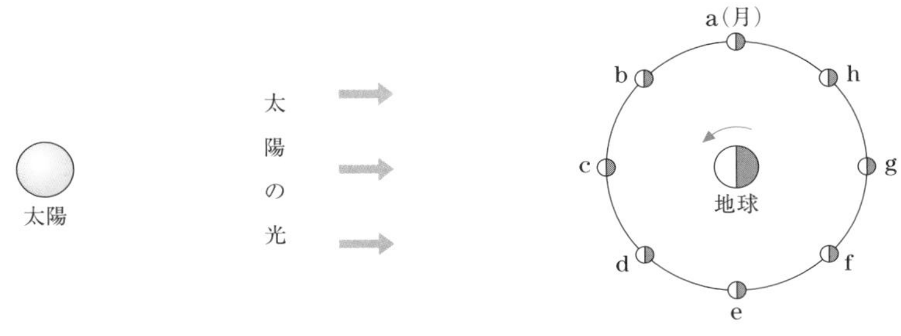

① 右半分が光って見える月が見えるのは，月がどの位置にあるときか。a～hから選びなさい。 ( )

② 日食が見られることがあるのは，月がどの位置にあるときか。a～hから選びなさい。 ( )

③ 月食が見られることがあるのは，月がどの位置にあるときか。a～hから選びなさい。 ( )

4 太陽系と銀河系

(1) 太陽を中心とした惑星(わくせい)などの天体の集まりを何といいますか。
( )

(2) 地球型惑星の名称を，太陽からの距離が近い順にすべて並べなさい。 ( )

(3) 木星型惑星の名称を，太陽からの距離が近い順にすべて並べなさい。 ( )

(4) (1)をふくむ数千億個の恒星の集まりを何といいますか。
( )

(5) (4)や(4)と同じような恒星の集まりを，まとめて何といいますか。
( )

3

太陽の形と黒点の見え方

太陽は自転しているので，その表面にある黒点は東→西へと移動する。
中央部で円形をしている黒点が周辺部でだ円形に見えることから，太陽の形が球形であることがわかる。

日食と月食

①日食…太陽を月がかくす現象。地球のごく一部でしか観測されない。太陽―月―地球の順に一直線に並ぶ新月のときにしか起こらない。

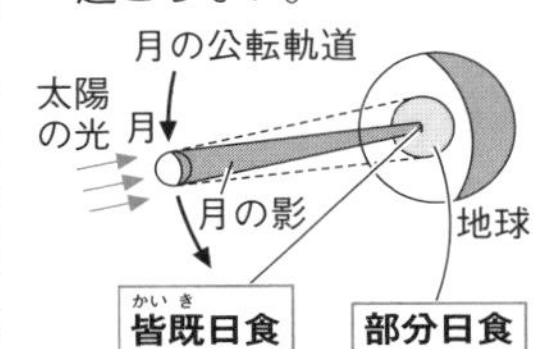

②月食…月が地球の影に入って欠ける現象。夜の地域で天候がよければ，地球上のどこからでも観測できる。太陽―地球―月の順に一直線に並ぶ満月のときにしか起こらない。

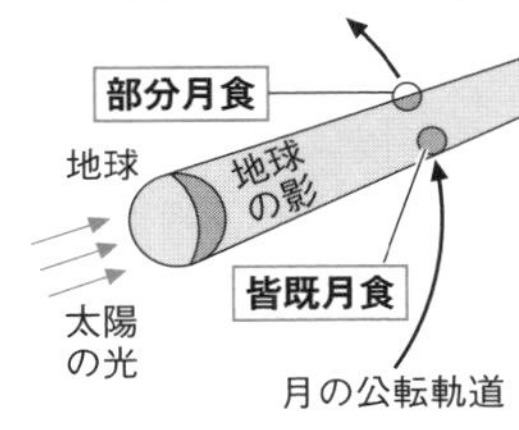

4

太陽系の惑星

①地球型惑星…小型で密度が大きい惑星。水星，金星，地球，火星

②木星型惑星…大型で密度が小さい惑星。木星，土星，天王星，海王星

金星の見え方

①よいの明星…夕方，西の空で見られる金星。

②明けの明星…明け方，東の空で見られる金星。

10日目 地球と宇宙

定着させよう

解答➡別冊 p.21

1 日本のある地点(北緯35°)における天体の動きについて，次の問いに答えなさい。

[8点×6]〈富山〉

(1) 図1は，太陽のまわりを公転している地球のようすを示した模式図である。ただし，地球は地軸(ちじく)を公転面に対して垂直な方向から23.4°傾(かたむ)けたまま公転している。

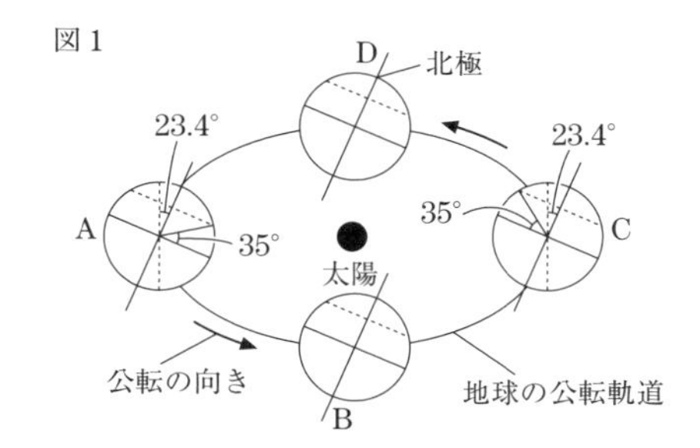

① 春分の日の太陽の動きを透明半球に表したものとして，最も適切なものを，次のア～オから1つ選び，記号で答えなさい。〔　　〕

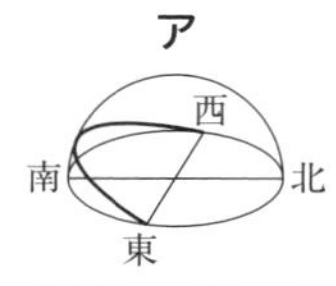

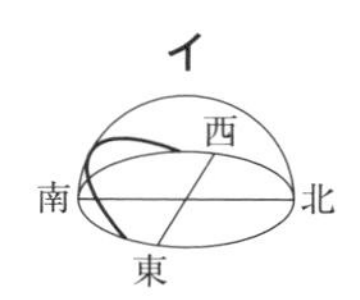

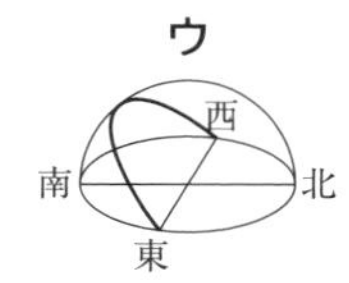

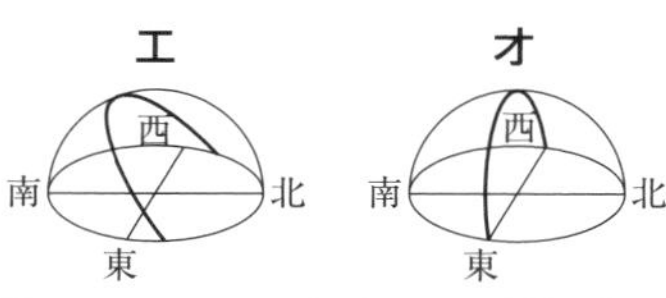

② 春分の日の地球の位置にあてはまるものを，図1のA～Dから1つ選び，記号で答えなさい。〔　　〕

③ 春分の日の太陽の南中高度はおよそ何度か。次のア～オから1つ選び，記号で答えなさい。〔　　〕

ア 23.4°　**イ** 31.6°　**ウ** 35°　**エ** 55°　**オ** 78.4°

(2) 図2は，2月のある日の午後8時，オリオン座が南中したときの位置を記録したものである。その日から，1か月前の1月のある日の午後8時には，オリオン座は，図2の点線で囲まれた a の中にあり，1か月後の3月のある日の午後8時には，点線で囲まれた b の中にあった。

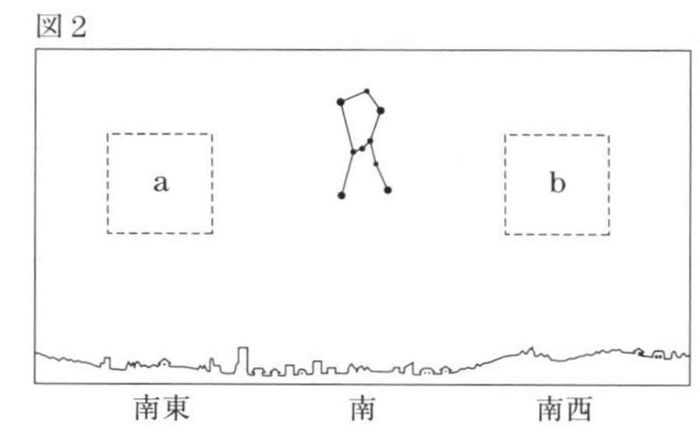

① 1月のある日，点線で囲まれた a の位置にあるオリオン座が南中するのは午後何時ごろか，答えなさい。〔　　〕

② 点線で囲まれた a と b の中のオリオン座はどのように見えるか。最も適切なものを，右のア～オから1つずつ選び，記号で答えなさい。

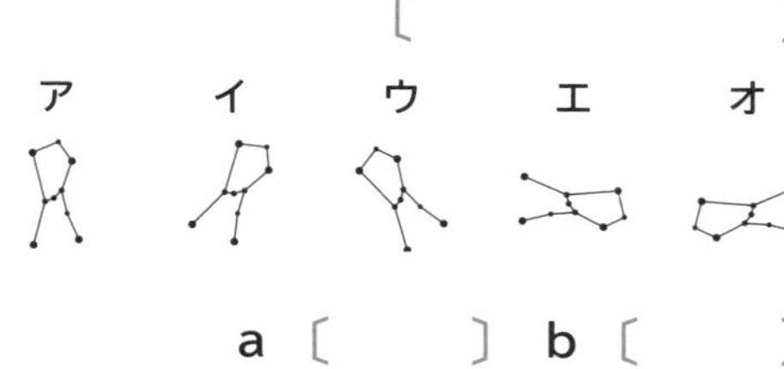

a〔　　〕 b〔　　〕

2 右の図は，静止させた状態の地球を北極点の真上から見たときの，地球，月の位置関係を模式的に示したものである。 ［9点×3］〈鹿児島〉

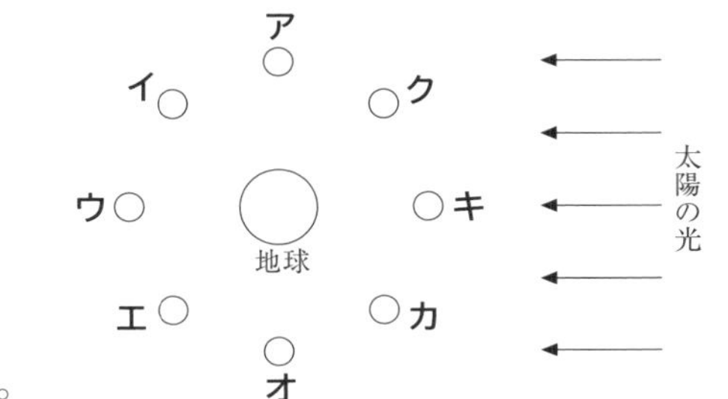

(1) 月食が起こる可能性があるのは，月が図の**ア**～**ク**のどの位置にあるときか。 〔　　　〕

(2) ある日の日没直後，南西の空に月が観察できた。

① この日の月の位置として最も適当なものを，図の**ア**～**ク**から選びなさい。 〔　　　〕

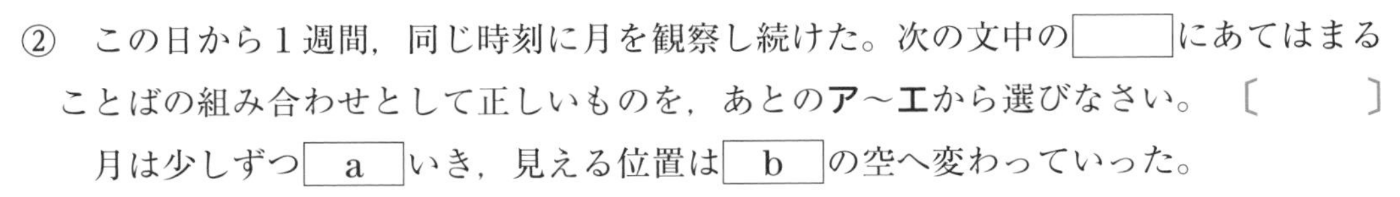

② この日から１週間，同じ時刻に月を観察し続けた。次の文中の［　　］にあてはまることばの組み合わせとして正しいものを，あとの**ア**～**エ**から選びなさい。 〔　　　〕

月は少しずつ［ a ］いき，見える位置は［ b ］の空へ変わっていった。

ア　a：満ちて，b：東　　**イ**　a：満ちて，b：西

ウ　a：欠けて，b：東　　**エ**　a：欠けて，b：西

3 右の図は，太陽に対する地球の位置を固定したときの金星の位置を模式的に示したものである。 ［8点×2］〈長崎〉

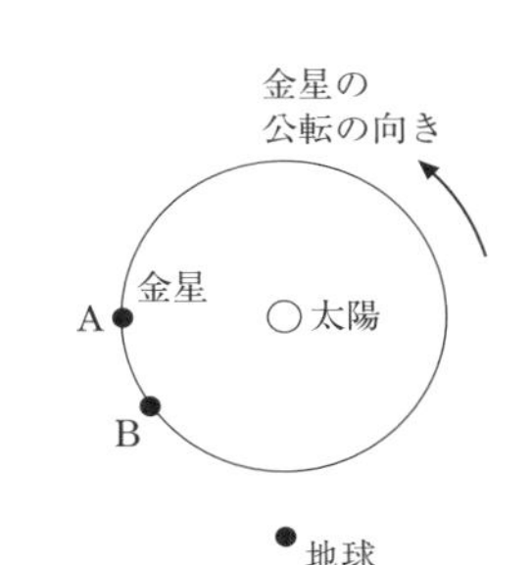

(1) 金星について述べた文として最も適当なものを，次の**ア**～**エ**から１つ選び，記号で答えなさい。 〔　　　〕

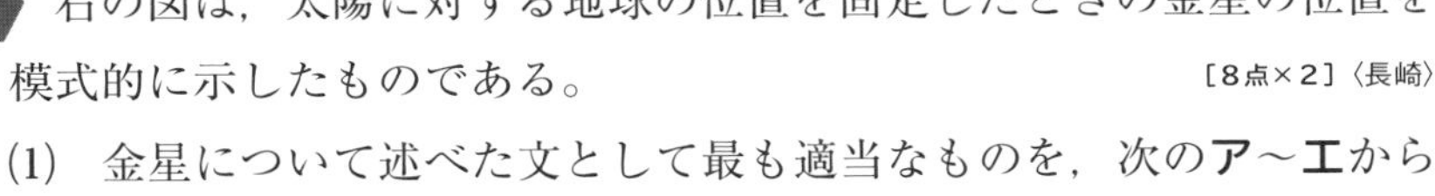

ア 大気をほとんどもたず，表面にクレーターがある地球型惑星（わくせい）である。

イ 二酸化炭素を主成分とする厚い大気におおわれた地球型惑星である。

ウ 氷などの粒からなる巨大なリング(環)をもつ木星型惑星である。

エ 太陽系最大の惑星で，おもに水素とヘリウムからなる木星型惑星である。

(2) 金星が図のAからBまで公転する間，天体望遠鏡で毎日同じ時刻に同じ倍率で金星を観測したとき，見かけの大きさの変化と満ち欠けとして最も適当なものを次の**ア**～**エ**から１つ選び，記号で答えなさい。 〔　　　〕

ア 見かけの大きさは小さくなり，欠けていく。

イ 見かけの大きさは小さくなり，満ちていく。

ウ 見かけの大きさは大きくなり，欠けていく。

エ 見かけの大きさは大きくなり，満ちていく。

4 地球をふくむ太陽系は，恒星が数千億個集まり，図のようなうずを巻いた円盤状(レンズ状)の集団に属している。太陽系が属するこの集団を何というか，書きなさい。 ［9点］〈山口〉

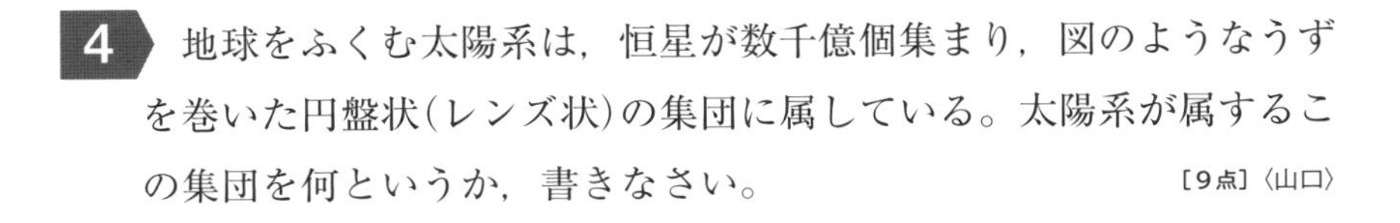

〔　　　　　　　〕

第1回 入試にチャレンジ

時間：40分
解答：別冊p.22
得点 /100点

1 酸とアルカリの中和反応について調べるために，次の［実験１］〜［実験３］を順に行った。あとの問いに答えなさい。
［5点×6］〈栃木・改〉

［実験１］ ２本の試験管A，Bを用意し，試験管Aにはうすい硫酸（りゅうさん）を，試験管Bにはうすい塩酸をそれぞれ$5.0\,cm^3$とった。２本の試験管に，緑色のBTB溶液を数滴ずつ加えたところ，どちらも水溶液の色は黄色に変化した。

［実験２］ 試験管Aに，うすい水酸化バリウム水溶液を数滴加えたところ，塩（えん）が白い沈殿として見られた。このとき，試験管Aの水溶液の色は黄色のままであった。

［実験３］ 試験管Bで，水溶液をよく混ぜながら，うすい水酸化ナトリウム水溶液を少しずつ加えていくと，$5.0\,cm^3$加えたところで水溶液の色が黄色から緑色に変化した。このとき沈殿は見られなかった。緑色になった水溶液をスライドガラスに数滴とり，水分を蒸発させると塩が現れたので，顕微鏡で観察したところ結晶が見られた。さらに，試験管Bにうすい水酸化ナトリウム水溶液を$2.5\,cm^3$加えた。このとき，試験管Bの水溶液の色は青色であった。

(1) 実験２，３の中和反応において，共通して生じる物質の化学式を書きなさい。

(2) 次の［　］内の文章は，実験２の中和反応で生じた塩について説明したものである。①，②に陽，陰のいずれかの語句を，③にあてはまる語句を答えなさい。

> 硫酸から生じる（ ① ）イオンと，水酸化バリウムから生じる（ ② ）イオンが結びついて，塩が生じた。このとき生じた塩は，水に（ ③ ）塩だったので，白い沈殿が見られた。

(3) 実験３において，観察される塩の結晶の形はどれか。**ア**〜**エ**から１つ選び，記号で答えなさい。

ア　イ　ウ　エ

(4) 実験３において，水溶液中のイオンの変化のようすをイオンのモデルを使って表すとどのようになるか。右の**ア**〜**エ**を正しい順に並べ，記号で答えなさい。

ア
H^+ Cl^-
Cl^- H^+
H^+ Cl^-

イ
Na^+ Cl^-
OH^- Na^+
Na^+ Cl^-

ウ
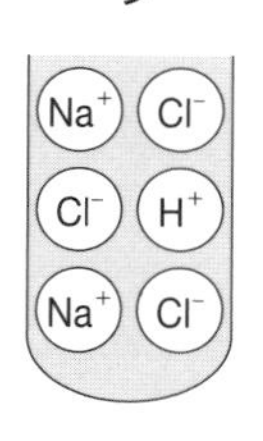

エ
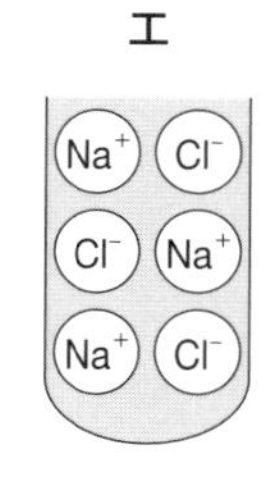

(1)		(2)	①		②		③	
(3)		(4)						

2 図1は，10種類の植物を観察し，なかま分けしたものである。　〔4点×4〕〈沖縄〉

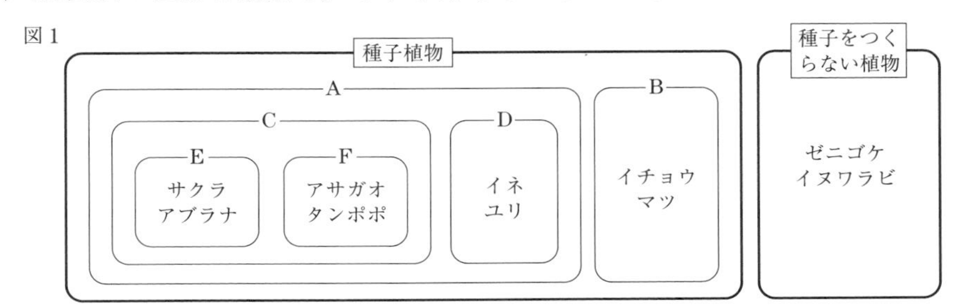

(1) 植物は，花の形やからだのつくりのいろいろな特徴をもとに，なかま分け(分類)することができる。図1のA～Fの植物のなかまの特徴について述べた文として，最も適当なものを，次の**ア**～**エ**から1つ選び，記号で答えなさい。

ア　Aのなかまは胚珠がむき出しになっている。

イ　Cのなかまの根を観察すると太い根はなく，たくさんの細い根のみが見られた。

ウ　Dのなかまの茎の断面を顕微鏡で観察すると，維管束が輪のように並んでいた。

エ　Fのなかまの花を分解し，観察すると花弁の根もとがくっついていた。

(2) 次の文は，図1のEのなかまの花のはたらきについて述べている。文中の(　①　)～(　④　)にあてはまるつくりと，図2の断面図のG～Kの組み合わせとして最も適当なものを，あとの**ア**～**エ**から1つ選び，記号で答えなさい。

> めしべの(　①　)におしべの(　②　)でつくられた花粉がつくことを受粉といい，受粉が起こると，(　③　)が成長して果実となり，子房の中にある(　④　)が成長して種子となる。

図2

	①	②	③	④
ア	I	H	K	J
イ	J	H	I	K
ウ	I	H	J	K
エ	H	I	K	J

(3) 図1のゼニゴケやイヌワラビは，種子をつくらないかわりに，(　　)をつくることでなかまをふやす。(　　)にあてはまる語句を答えなさい。

(4) 観察した10種類の植物のつくりにはそれぞれ特徴があるが，光のエネルギーを利用して，デンプンなどの栄養分をつくるはたらきは共通である。このはたらきを何というか，漢字で答えなさい。

(1)		(2)		(3)		(4)	

3 電熱線を用いて実験を行った。あとの問いに答えなさい。

［5点×6］〈岐阜〉

［実験］ 図1のように，電熱線の両端に加わる電圧と，電熱線に流れる電流を同時に調べることのできる回路をつくり，電熱線の両端に加わる電圧を2.0V，4.0V，6.0V，8.0V，10.0Vに変えて，それぞれの電流の大きさを調べた。下の表は，実験の結果をまとめたものである。

図1

電源装置　スイッチ　電熱線　ア　イ

電圧〔V〕	0	2.0	4.0	6.0	8.0	10.0
電流〔A〕	0	0.1	0.2	0.3	0.4	0.5

(1) 図1で，電圧計は**ア**，**イ**のどちらか。記号で答えなさい。

(2) 表をもとに，電熱線の両端に加わる電圧と電熱線に流れる電流の関係をグラフにかきなさい。なお，グラフの縦軸には適切な数値を書きなさい。

電流〔A〕

0　2　4　6　8　10

電圧〔V〕

(3) 実験の結果より，電熱線の抵抗の値は何Ωですか。

(4) 実験で使用した電熱線の両端に8.0Vの電圧を5分間加え続けた。電熱線で消費された電力量は何Jですか。

(5) 図1の電熱線の抵抗の値と同じ電熱線を，図2のように並列に2個接続した回路をつくった。図2の電熱線の両端に加わる電圧の値が4.0Vのとき，電流計に流れる電流の大きさは何Aですか。

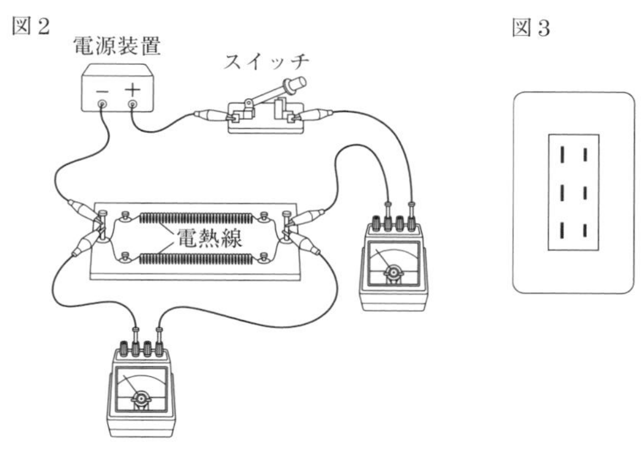

(6) 家庭にある電気器具を調べたところ，こたつには100V－600W，テレビには100V－300W，電気ストーブには100V－800W，コンピューターには100V－200W，アイロンには100V－650Wという表示がついていた。この中から3つの電気器具を，図3のように100Vのコンセントに接続して，同時に使うとき，電流の合計が15Aをこえない組み合わせはどれか。次の**ア**～**オ**からすべて選び，記号で答えなさい。

ア こたつ，テレビ，電気ストーブ　**イ** こたつ，テレビ，コンピューター

ウ こたつ，テレビ，アイロン　**エ** テレビ，電気ストーブ，コンピューター

オ 電気ストーブ，コンピューター，アイロン

(1)		(2)	図に記入	(3)	Ω
(4)	J	(5)	A	(6)	

4 地震について，あとの問いに答えなさい。 〔4点×6〕〈長崎〉

地震は，おもにプレートの動きによって引き起こされると考えられている。プレートの動きによって大地をつくっている岩石に力が加わり，<u>その力にたえきれなくなった岩石が破壊(はかい)され大地がずれる</u>と地震が発生する。

(1) 日本列島付近にあるユーラシアプレート，北アメリカプレート，太平洋プレート，フィリピン海プレートのうち，海洋プレート(海のプレート)である太平洋プレートとフィリピン海プレートの動く向きとして最も適当なものを，次の**ア**～**エ**から1つ選びなさい。

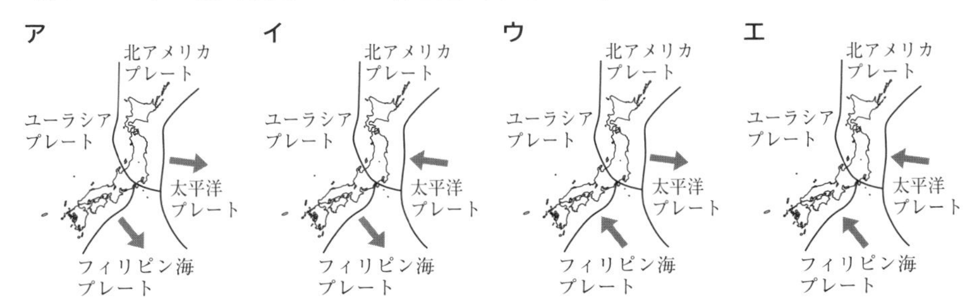

(2) 下線部によって生じる「大地のずれ」を何といいますか。

(3) 震源(しんげん)の真上の地表の点を何といいますか。

(4) 図は，ある場所で発生した地震について，震源からの距離(きょり)とP波とS波がそれぞれ届くまでの時間の関係を表したものである。ただし，P波とS波はそれぞれ一定の速さで伝わるものとする。

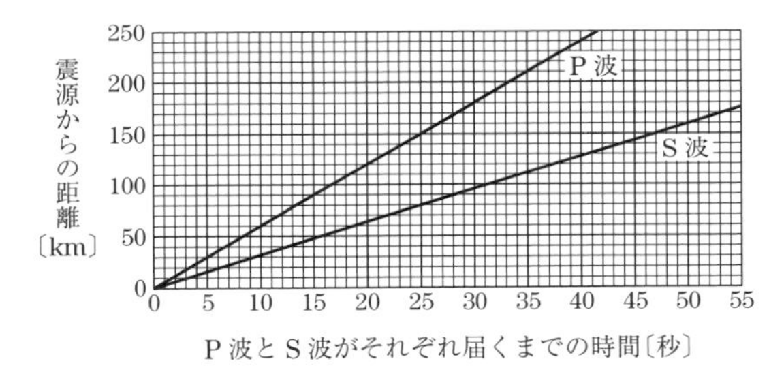

① この地震は，9時34分55秒に発生し，ある観測点にP波が9時35分20秒に届いた。この観測点にS波が届く時刻として最も適当なものを，次の**ア**～**エ**から1つ選び記号で答えなさい。

ア 9時35分33秒 **イ** 9時35分38秒 **ウ** 9時35分42秒 **エ** 9時35分47秒

② 図について説明した次の文の(a)，(b)に適する語句を，あとの語群の中から選んで書きなさい。ただし，同じ語句を二度用いてもよい。

> 震源から50 kmの観測点での初期微動継続時間と比較し，震源から100 kmの観測点での初期微動継続時間は(a)。震源から100 kmの観測点での初期微動継続時間と比較し，震源から150 kmの観測点での初期微動継続時間は(b)。

語群 短い　長い　変わらない

(1)		(2)		(3)	
(4) ①		② a		b	

第2回	入試にチャレンジ	時間：40分 解答：別冊p.23	得点 /100点

1 ヒトの体内にとりこまれたタンパク質が分解される過程でできる有害な物質Zは，器官Wにおいて害の少ない尿素(にょうそ)につくり変えられ，じん臓に運ばれる。右の図は，ヒトのからだのつくりの一部を模式的に表したものである。次の問いに答えなさい。

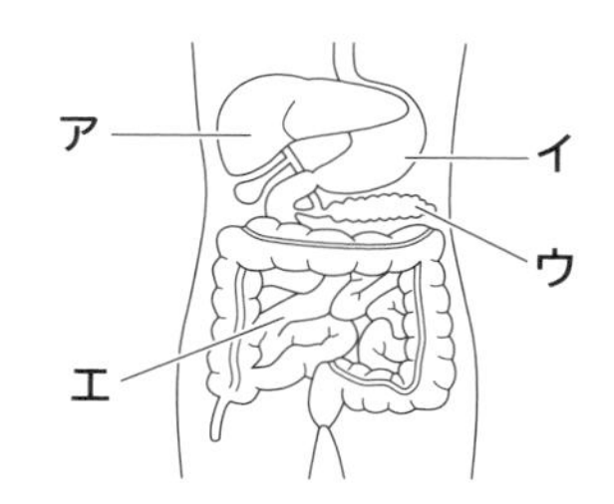

〔6点×5〕〈愛媛〉

(1) 物質Zは，何と呼ばれるか。その物質の名称を書きなさい。

(2) 器官Wとして適当なものを，図の**ア**～**エ**から1つ選び，記号で答えなさい。また，器官Wの名称も書きなさい。

(3) 次の①，②の｛　　　｝の**ア**～**エ**から，それぞれ適当なものを1つずつ選び，記号で答えなさい。

血液中の尿素は，①｛**ア**．動脈　　**イ**．静脈｝を通ってじん臓に入る。血液にふくまれる尿素の割合は，じん臓に入る血液よりも，じん臓から出ていく血液のほうが，②｛**ウ**．大きい　　**エ**．小さい｝。

(1)		(2)	記号	名称	(3)	①		②	

2 Aさんは，温度による溶解度の変化を実際に確かめようと思い，次の実験を行った。あとの問いに答えなさい。

〔5点×5〕〈福井〉

40℃の水100gに，硝酸(しょうさん)カリウムをかき混ぜながら加えていったところ，ある量をこえると硝酸カリウムはそれ以上とけなくなった。そこでとけ残った硝酸カリウムをろ過し，①40℃の硝酸カリウム飽和(ほうわ)水溶液を得た。次に，この硝酸カリウム飽和水溶液をあたため，80℃に保ちながら硝酸カリウムを36g追加するとすべてとけた。そこで，さらに硝酸カリウムを加えようとしたが，誤って塩化ナトリウムを36g加えてとかしてしまい，②硝酸カリウムと塩化ナトリウムが混じった80℃の水溶液となった。

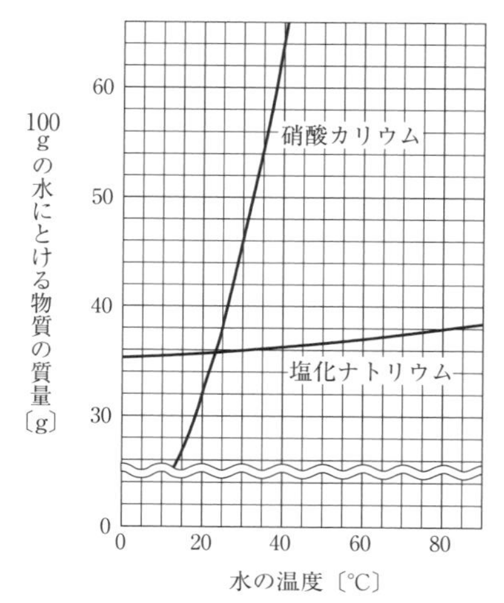

右の図は，硝酸カリウムと塩化ナトリウムの溶解度曲線である。

なお，実験中，水はろ過などの操作や蒸発で失われないものとし，混合水溶液中においても，それぞれの物質の溶解度は図のとおりとする。

(1) 下線の部分①の硝酸カリウム飽和水溶液の質量パーセント濃度は何%か。答えは小数第1位を四捨五入して整数で答えなさい。

(2) 下線の部分②の混合水溶液から硝酸カリウムの結晶のみをできるだけ多くとり出したい。この混合水溶液を何℃まで冷却すればよいか。また，このとき得られる硝酸カリウムの結晶は何gか。それぞれ整数で答えなさい。

(3) 硝酸カリウムや塩化ナトリウムは，水にとけると陽イオンと陰イオンに分かれる。このことを何といいますか。

(4) 下線の部分②の混合水溶液において，硝酸カリウムと塩化ナトリウムから生じたすべての陰イオンを化学式で書きなさい。

(1)	%	(2)	温度 ℃	結晶 g
(3)		(4)		

3 四季の星座の移り変わりを調べるために，次の実習を行った。　［5点×3］〈大分・改〉

Ⅰ 図1のように，四季を代表する星座絵を4枚つくり，教室の四方に立った。Aの位置で太陽を背に，日本が真夜中になるように立ち，見える星座を調べた。真夜中に南の方向には，さそり座が見えた。

Ⅱ 地球儀を移動させ，同様にB～Dの位置で調べた。

図2はⅠ，Ⅱのようすを模式的に表したものである。

図1

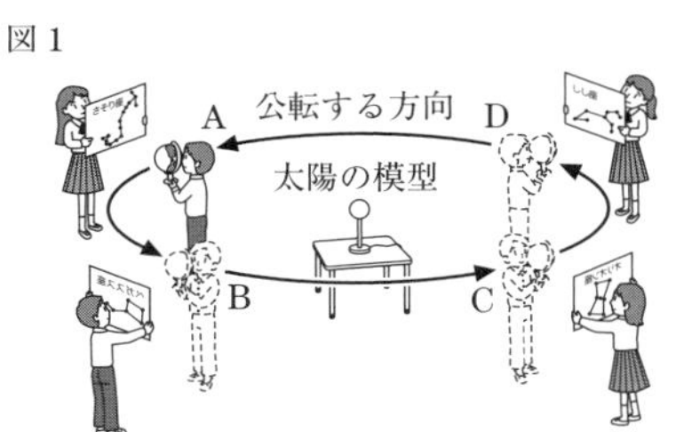

図2

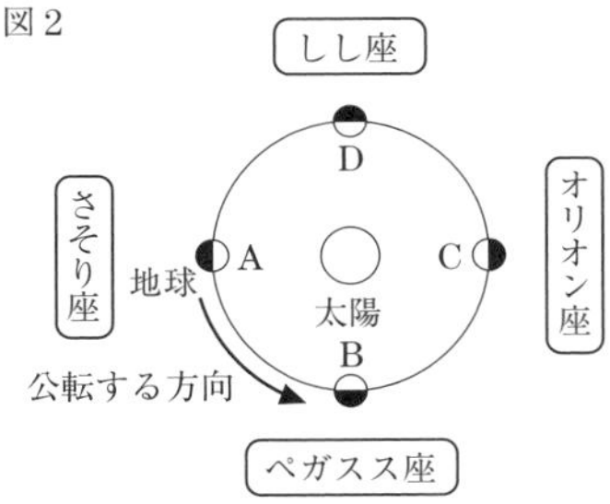

しし座
D
さそり座
地球
A
太陽
C
オリオン座
B
公転する方向
ペガスス座

(1) 午後6時ごろ，南の方向にペガスス座が見えた。このときの地球の位置は図2のどこか。次のア～エから1つ選び，記号で答えなさい。

ア A　**イ** B　**ウ** C　**エ** D

(2) (1)と同じ日の真夜中に南の方向に観察できる星座を，次のア～エから1つ選び，記号で答えなさい。

ア さそり座　**イ** ペガスス座　**ウ** オリオン座　**エ** しし座

(3) (1)の1か月後の午後6時ごろ，ペガスス座はどの方向に何度移動しているか。次のア～エから1つ選び，記号で答えなさい。

ア 東に15°　**イ** 東に30°　**ウ** 西に15°　**エ** 西に30°

(1)		(2)		(3)	

4

物体の運動を調べるために，図1のような装置を使って実験を行った。あとの問いに答えなさい。ただし，糸やテープの質量，空気の抵抗や摩擦は考えないものとする。　〔5点×6〕〈石川〉

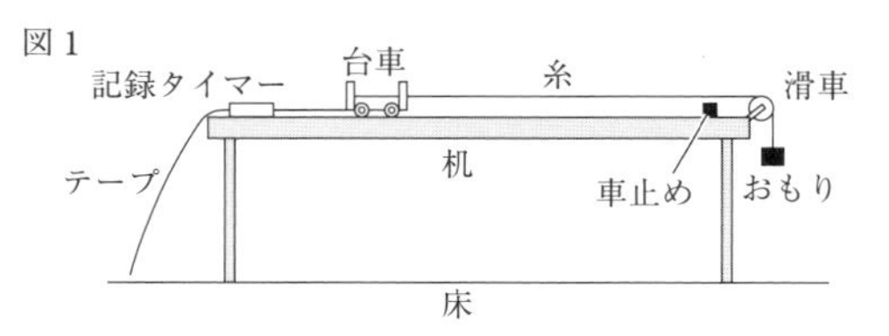

［実験］ 図1のように，水平な机の上で台車におもりのついた糸をつけ，その糸を滑車にかけた。台車を支えていた手を静かに離すと，おもりが台車を引き始め，台車はまっすぐ進む運動を行った。1秒間に60回打点する記録タイマーで，手を離してからの台車の運動をテープに記録し，それを6打点ごとに切り，それぞれのテープを順にa，b，c，…として長さをはかったところ，右の表のような結果が得られた。

テープ	テープの長さ〔cm〕
a	1.5
b	4.5
c	7.5
d	10.5
e	13.5
f	16.5
g	18.0
h	18.0
i	18.0
j	18.0

(1) テープg～jを記録している間の台車の運動を何といいますか。

(2) 手を離してから0.2秒までの台車の平均の速さは何cm/sですか。

(3) 手を離したとき，おもりは床から何cmの高さにあったか，最も適切なものを次の**ア**～**オ**から1つ選び，記号で答えなさい。

ア 1.5cm　**イ** 18cm　**ウ** 37.5cm　**エ** 54cm　**オ** 72cm

(4) テープa～jを記録している間，台車にはたらいている力のうち運動の向きにはたらいている力の大きさと，時間の関係を表すグラフはどれか，次の**ア**～**オ**から1つ選び，記号で答えなさい。また，そのようなグラフになる理由を書きなさい。

ア
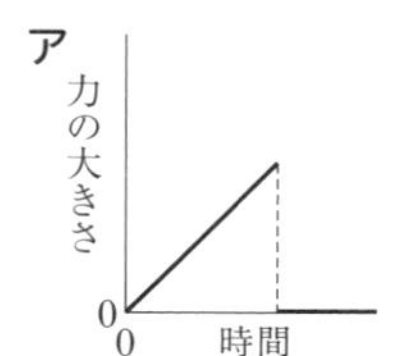

イ
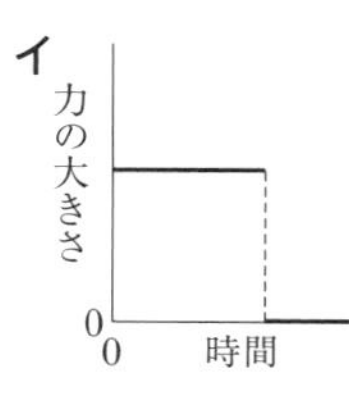

ウ
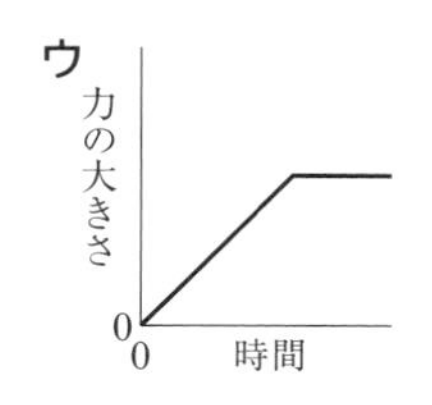

エ **オ**
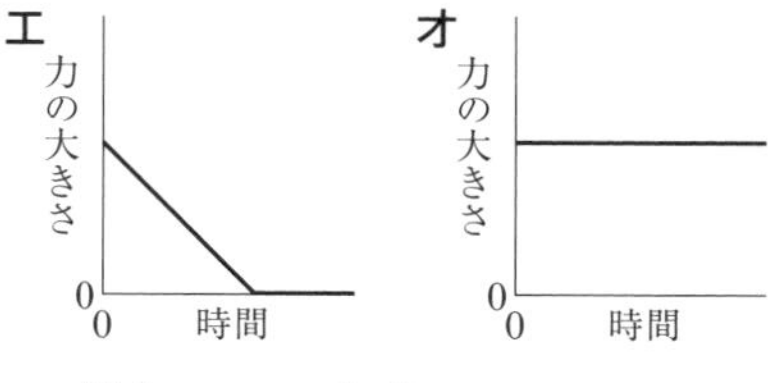

(5) 図2のように，机の右側を少しだけ高くして同様の実験を行ったところ，台車はおもりに引かれてまっすぐ進む運動を行い，車止めにぶつかった。台車が動き始めてから車止めにぶつかる前までの台車の運動のようすは，図1のときの運動とくらべてどのように変わったか，ちがいが生じた原因をふくめて書きなさい。

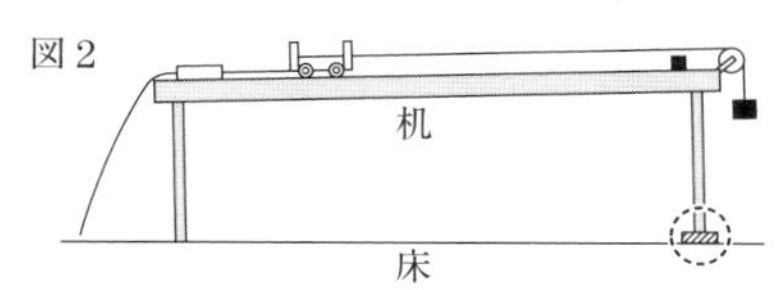

(1)		(2)	cm/s	(3)	
(4)	記号	理由			
(5)					

②

高校入試 10日でできる！

中学3年分まるごと総復習 理科

解答・解説

得点チェックグラフ

「定着させよう」「入試にチャレンジ」の得点を，下の棒グラフを使って記録しよう。得点が低かった単元は「整理しよう」から復習して弱点をなくそう。

日目	単元	0	10	20	30	40	50	60	70	80	90	100(点)
1日目	身のまわりの物質											
2日目	化学変化と原子・分子											
3日目	イオン											
4日目	光・音・力・電流											
5日目	力と運動・仕事とエネルギー											
6日目	生物の特徴(とくちょう)と分類											
7日目	生物のからだのつくりとはたらき											
8日目	生物のふえ方と遺伝・生態系											
9日目	地震(じしん)・火山・天気											
10日目	地球と宇宙											
●	第1回 入試にチャレンジ											
●	第2回 入試にチャレンジ											

文英堂

1日目 身のまわりの物質

整理しよう 解答

1 (1) 有機物 (2) 金属光沢 (3) **エ**
(4) $8.96\,g/cm^3$

2 (1) 酸素 (2) 二酸化炭素 (3) 水素
(4) **ア** (5) **エ**

3 (1) 溶質 (2) 溶媒（ようばい） (3) 水溶液
(4) 20% (5) 飽和（ほうわ）水溶液 (6) 8.4g

4 (1) ① X…100℃，Y…0℃ ② 沸騰（ふっとう）
(2) 蒸留（じょうりゅう）

解説

1 (1) 有機物は**炭素**をふくんでいて，燃えると**二酸化炭素**が発生する。また，有機物の多くは水素もふくんでいるので，燃えると水も発生する。

(2) 金属をみがくと，特有の金属光沢が見られる。

(3) アルミニウムは金属である。また，プラスチックとエタノールは有機物である。

(4) 密度〔g/cm^3〕$= \dfrac{\text{物質の質量〔g〕}}{\text{物質の体積〔}cm^3\text{〕}}$

$= \dfrac{448\,g}{50.0\,cm^3}$

$= 8.96\,g/cm^3$

2 (1) 過酸化水素は，酸素と水に分解される。二酸化マンガンは，この分解を助けるはたらきをする。

(2) 石灰石の主成分は炭酸カルシウムである。

(3) 金属と酸性の水溶液が反応すると水素が発生する。

(4) 酸素は水にとけにくいので，水上置換法で集める。

(5) 石灰水に二酸化炭素をふきこむと，炭酸カルシウムという水にとけにくい白色の固体ができるので，**石灰水が白くにごる**。

3 (1)，(2) 溶液にとけている物質を**溶質**といい，溶質をとかしている液体を**溶媒**という。

(3) 溶媒が水である溶液を**水溶液**という。

(4) 質量パーセント濃度〔%〕

$= \dfrac{\text{溶質の質量〔g〕}}{\text{溶液の質量〔g〕}} \times 100$

$= \dfrac{\text{溶質の質量〔g〕}}{\text{溶媒の質量〔g〕} + \text{溶質の質量〔g〕}} \times 100$

$= \dfrac{25\,g}{100\,g + 25\,g} \times 100 = 20$

よって，20%

(5) その温度での溶解度までとけていて，それ以上物質をとかすことができない水溶液を**飽和水溶液**という。

(6) 40℃では40gとけていた硝酸カリウムが20℃では31.6gしかとけることができないので，

$40 - 31.6 = 8.4\,g$

4 (1) 水の融点（ゆうてん）は0℃，沸点（ふってん）は100℃である。

(2) 液体を加熱して，出てきた高温の蒸気を冷やして液体としてとり出すことを**蒸留**という。蒸留を利用すると，混合物から純粋な物質をとり出すことができる。

定着させよう 解答

1 **カ**

2 (1) 水上置換法
(2) ① 二酸化炭素 ② いない

3 (1) B→A→C (2) 再結晶

4 (1) 状態変化 (2) **ウ**

解説

1 A～Cそれぞれの密度を求めると，

A $13.5 \div (55.0 - 50.0) = 2.7\,g/cm^3$

B $13.5 \div (51.7 - 50.0) = 7.94\cdots$
$\rightarrow 7.9\,g/cm^3$

C $13.5 \div (51.5 - 50.0) = 9.0\,g/cm^3$

よって，密度の大きい順に並べると，
C→B→A，つまり$c > b > a$となる。

2 (1) 発生した気体を水と置き換えて集めているので水上置換法である。

(2) 石灰水が白くにごったのがペットボト

ルに集めた気体によるものであることを証明するために，水そうの水を石灰水に加えて白くにごらないことを確かめている。

3 (1) 60℃の溶解度と10℃の溶解度の差にあたる質量だけ，とけきれなくなって結晶として現れる。

A：ミョウバンの場合，グラフから60℃の水100gにとけることのできる質量は約60g，10℃の水100gにとけることのできる質量は約10gなので，10℃まで下げたとき，再び固体として得られるミョウバンの質量は，

60 − 10 = 50g

B：硝酸カリウムの場合，グラフから60℃の水100gにとけることのできる質量は約104g，10℃の水100gにとけることのできる質量は約24gなので，10℃まで下げたとき，再び固体として得られる硝酸カリウムの質量は，

104 − 24 = 80g

C：塩化ナトリウムの場合，グラフから60℃の水100gにとけることのできる質量は約38g，10℃の水100gにとけることのできる質量は約36gなので，10℃まで下げたとき，再び固体として得られる塩化ナトリウムの質量は，

38 − 36 = 2g

(2) 物質を一度水にとかし，水溶液の温度を下げたり，水を蒸発させたりして，水にとけていた固体を結晶としてとり出すことを**再結晶**という。

4 (1) 温度によって，物質の状態が「固体⇄液体⇄気体」と変化することを，**状態変化**という。

(2) ふつうの物質は，液体が固体になると体積が小さくなるが，水は例外で，液体の水が固体の氷になると体積が大きくなる。このとき全体の質量は変わらないので，密度は小さくなる。

2日目 化学変化と原子・分子

整理しよう　解答

1 (1) 原子　(2) 分子　(3) 単体
(4) 化合物

2 (1) ① O　② H　③ C　④ Cu
(2) ① H_2O　② H_2　③ CO_2
④ NaCl

3 (1) 固体…炭酸ナトリウム，液体…水
気体…二酸化炭素
(2) $2Ag_2O \longrightarrow 4Ag + O_2$
(3) 陽極…酸素，陰極…水素
(4) $Fe + S \longrightarrow FeS$　(5) 硫化銅
(6) 酸化　(7) 酸化物　(8) 還元
(9) $2CuO + C \longrightarrow 2Cu + CO_2$

4 (1) **ウ**　(2) 質量保存の法則

解説

1 (1) 原子は，化学変化によってそれ以上分割できず，なくなったり，新しくできたり，種類が変わったりしない。また，種類によって，質量や大きさが決まっている。

(2) 酸素や水素，二酸化炭素などの気体や，水などは，原子がいくつか結びついてできた**分子**という単位をつくる。分子は，物質それぞれの性質を示す最小の粒子である。

(3) 1種類の元素だけからできている物質を**単体**といい，酸素(O_2)，水素(H_2)，塩素(Cl_2)，炭素(C)，銅(Cu)，銀(Ag)，ナトリウム(Na)などがある。

(4) 2種類以上の元素からできている物質を**化合物**という。化合物には，二酸化炭素(CO_2)，水(H_2O)，塩化ナトリウム(NaCl)，水酸化ナトリウム(NaOH)などがある。

2 (1) 元素記号は，アルファベットの大文字1文字か，アルファベットの大文字と小文字の1文字ずつを組み合わせたも

のとなっている。特に，酸素(O)，水素(H)，炭素(C)，銅(Cu)，ナトリウム(Na)，塩素(Cl)はよく出題される。

(2) 物質を，元素記号や数字を組み合わせて表したものを**化学式**という。特に，水(H_2O)，水素(H_2)，二酸化炭素(CO_2)，塩化ナトリウム(NaCl)，酸素(O_2)はよく出題される。また，銅(Cu)，銀(Ag)，鉄(Fe)などの金属のように，元素記号がそのまま化学式となるものもある。

3 (1) 白色の炭酸水素ナトリウムを加熱すると，炭酸ナトリウムという白色の固体と水と二酸化炭素に分解される。炭酸ナトリウムは炭酸水素ナトリウムより水にとけやすく，その水溶液は炭酸水素ナトリウムの水溶液よりもアルカリ性が強い。また，生じた液体が水であるかどうかを調べるためには，青色の塩化コバルト紙を用いる。青色の塩化コバルト紙を水につけると赤(桃)色に変化する。生じた気体が二酸化炭素であることを調べるためには石灰水を用いる。石灰水に二酸化炭素を通すと，石灰水が白くにごる。

(2) 酸化銀の化学式はAg_2O，銀の化学式はAg，酸素の化学式はO_2である。化学反応式をつくるときは次の順に考える。

① 酸化銀が銀と酸素に分解されることを物質名で式にすると，

酸化銀⟶銀＋酸素

② それぞれの物質に化学式をあてはめると，

$Ag_2O \longrightarrow Ag + O_2$

※反応の前後で，**原子の種類と数は変わらない**ので，係数をつけて，原子の数を調整しなければならない。

③ 反応前の酸素原子の数がたりないので，酸化銀の数を2倍にする。

$2Ag_2O \longrightarrow Ag + O_2$

④ 反応後の銀原子の数がたりないので，銀原子の数を4倍にする。

$2Ag_2O \longrightarrow 4Ag + O_2$

これで，反応の前後で原子の種類と数が同じになったので，化学反応式は完成である。

(3) 水を電気分解すると，陽極から酸素が発生し，陰極から水素が発生する。
その体積比は，水素：酸素＝2：1である。これを，化学反応式で表すと，

$2H_2O \longrightarrow 2H_2 + O_2$

となる。

(4) 鉄と硫黄(いおう)が結びついて硫化鉄(りゅうかてつ)になる。それぞれの物質を化学式で表すと，鉄はFe，硫黄はS，硫化鉄はFeSである。よって，化学反応式で表すと，

$Fe + S \longrightarrow FeS$

となる。

(5) 銅と硫黄が結びついてできた物質を硫化銅，鉄と硫黄が結びついてできた物質を硫化鉄という。

(6)，(7) 物質が酸素と結びつくことを**酸化**といい，酸化によってできた物質を**酸化物**という。鉄が酸素と結びついて(酸化して)できた物質を酸化鉄，銅が酸素と結びついて(酸化して)できた物質を酸化銅という。

(8) 酸化物が酸素をうばわれる化学変化を**還元**という。還元が起こっているときは，同時に酸化が起こっている。

(9) 酸化銅の粉末と炭素の粉末の混合物を加熱すると，酸化銅は還元されて銅になり，炭素は酸化されて二酸化炭素となる。これを，式にすると，

酸化銅＋炭素⟶銅＋二酸化炭素

それぞれの物質に化学式をあてはめると，

$CuO + C \longrightarrow Cu + CO_2$

左側の酸素原子がたりないので2CuOとすると，

$2CuO + C \longrightarrow Cu + CO_2$

となるが，右側の銅の原子がたりないので，右側の銅を2Cuとすると，

$2CuO + C \longrightarrow 2Cu + CO_2$

となり，化学反応式が完成する。

4 (1)，(2) 化学変化の前後で，化学変化に関係する物質全体の質量は変化しない。これを，**質量保存の法則**という。この実験では二酸化炭素が発生するが，密

閉容器内で反応させているので発生した二酸化炭素は容器外へ出ていくことができないため，容器全体の質量は変化しない。ふたをゆるめてから質量を測定すると，容器の中から気体の一部が外へ出ていくため，そのぶんの質量が小さくなる。

定着させよう　解答

1 ウ
2 (1) CO_2　(2) 塩化コバルト紙
(3) ア，エ
3 (1) 反応前…つく，反応後…つかない
(2) FeS　(3) 11.0g　(4) ウ
4 ① 組み合わせ　② 数　③ 質量保存

解説

1 酸素と水素が反応して水ができる化学変化を化学反応式で表すと，

$$2H_2 + O_2 \longrightarrow 2H_2O$$

となる。
よって，○は水素原子，●は酸素原子を表している。また，化学反応式より，生成する水分子の数は，反応した酸素分子の数の2倍となることもわかる。

2 (1) 石灰水（水酸化カルシウム水溶液）に二酸化炭素をとかすと，水にとけない白色の固体である炭酸カルシウムが生じるので白くにごる。このような特徴を利用して，二酸化炭素の検出に石灰水を用いる。
(2) 水の検出には塩化コバルト紙を用いる。乾いた青色の塩化コバルト紙に水をつけると赤色（桃色）に変化する。
(3) 炭酸水素ナトリウムを加熱すると炭酸ナトリウムと二酸化炭素と水に分解される。加熱後に残った固体である炭酸ナトリウムは，炭酸水素ナトリウムより水にとけやすく，その水溶液は炭酸水素ナトリウムの水溶液よりも強いアルカリ性を示す。

3 (1) 反応前の混合物には鉄がふくまれているため，磁石につく。反応後は硫化鉄という物質になっており，鉄の性質は残っていない。よって，反応後の物質は磁石につかない。
(2) 硫化鉄は鉄原子と硫黄原子が1：1の数の比で結びついてできている。鉄原子の記号はFe，硫黄原子の記号はSなので，硫化鉄を表す化学式はFeSである。
(3) 鉄と硫黄は7：4の質量の比で結びつくので，4.0gの硫黄と結びつく鉄の質量をx〔g〕とすると，

x：4.0 = 7：4
x = 7.0g

したがって，反応後にできる硫化鉄の質量は，

7.0 + 4.0 = 11.0g

1.0gの鉄は反応せずに残る。
(4) 硫化鉄に塩酸を加えると，硫化水素という無色で，卵の腐(くさ)ったようなにおい（腐卵臭(ふらんしゅう)）のする気体が発生する。硫化水素は有毒な気体なので，吸いこまないように注意する。

4 うすい塩酸と炭酸水素ナトリウムを反応させると二酸化炭素が発生する。しかし，密閉した容器の中では発生した気体が出ていくことができない。また，うすい塩酸と炭酸水素ナトリウムの化学変化を化学反応式で表すと，次のようになる。

$$HCl + NaHCO_3 \longrightarrow NaCl + CO_2 + H_2O$$

このように，うすい塩酸（HCl）と炭酸水素ナトリウム（$NaHCO_3$）の反応では，二酸化炭素（CO_2）以外に塩化ナトリウム（NaCl）と水（H_2O）ができるが，反応前の左辺（$NaHCO_3$とHCl）と反応後の右辺（NaClとCO_2とH_2O）で，原子の種類と原子の数は変化しないので，気体が空気中へ出ていかなければ，全体の質量は変化しない。
このように，化学変化の前後で，化学変化に関係した物質全体の質量が変化しないことを，**質量保存の法則**という。

3日目 イオン

整理しよう 解答

1 (1) 原子核 (2) 陽子 (3) 電子
(4) 電解質 (5) イオン (6) 電離

2 (1) $CuCl_2 \longrightarrow Cu + Cl_2$
(2) 陽極…塩素 陰極…水素 (3) **イ**

3 (1) 名称…水素イオン
化学式…H^+
(2) 名称…水酸化物イオン
化学式…OH^-
(3) ① **ア** ② **ア** ③ **イ** ④ **ウ**
(4) ① **ウ** ② **ア** ③ **イ**

4 (1) 中和 (2) $H^+ + OH^- \longrightarrow H_2O$
(3) 塩(えん) (4) 塩化ナトリウム
(5) 硫酸(りゅうさん)バリウム

解説

1 (1)～(3) 図のように，原子の中心には＋の電気をもつ陽子と電気をもたない中性子でできた**原子核**があり，そのまわりに－の電気をもつ**電子**がある。

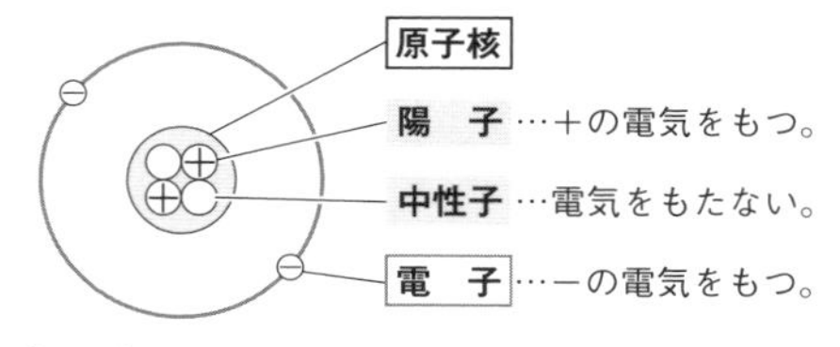

(4) 水にとかしたとき，その水溶液に電流が流れる物質を**電解質**といい，その水溶液に電流が流れない物質を**非電解質**という。

(5) 原子が－の電気をもつ電子を失って＋の電気を帯びたものを**陽イオン**といい，原子が電子を受けとって－の電気を帯びたものを**陰イオン**という。

(6) 電解質が水にとけ，陽イオンと陰イオンに分かれることを**電離**という。電離して水溶液の中にイオンが生じると，その水溶液に電圧を加えたときに電流が流れる。

2 (1) 塩化銅の化学式は$CuCl_2$なので，これが電離すると電子を2個失った陽イオンである銅イオンCu^{2+}と電子を1個受けとった陰イオンである塩化物イオンCl^-2個に電離する。1個の銅イオンは陰極から電子2個を受けとって1個の銅原子Cuとなる。また，1個の塩化物イオンは陽極へ電子1個を受け渡して1個の塩素原子Clとなり，これが2個結びついて塩素分子Cl_2となる。

(2) 塩酸（HCl）の中では，塩化水素HClが水素イオンH^+と塩化物イオンCl^-に電離している。これに電流を流して電気分解すると，塩化物イオンが陽極に電子1個を受け渡して塩素原子Clとなり，これが2個結びついて塩素分子Cl_2（気体）となって発生する。また，水素イオンは陰極から電子を1個受けとって水素原子Hとなり，これが2個結びついて水素分子H_2（気体）となって発生する。

(3) 非電解質の水溶液である砂糖水で電池をつくることはできない。また，電極は陽極と陰極で異なる種類の金属でなくてはならない（一方が炭素であってもよい）。

3 (1) 水にとけたときに電離して，**水素イオンH^+**を生じる物質を**酸**という。酸性の性質は水素イオンによるものである。

(2) 水にとけたときに電離して，**水酸化物イオンOH^-**を生じる物質を**アルカリ**という。アルカリ性の性質は水酸化物イオンによるものである。

(3) pHが7のときが中性で，7より小さくなるほど酸性が強くなり，7より大きくなるほどアルカリ性が強くなる。

(4) BTB溶液は，**酸性で黄色，中性で緑色，アルカリ性で青色**を示す。

4 (1)～(3) 酸の水素イオンH^+とアルカリの水酸化物イオンOH^-が結びついて水H_2Oになる反応を**中和**という。このとき，酸の陰イオンとアルカリの陽イオンが結びついてできる物質を**塩**という。

(4) 塩酸の中の陰イオンの塩化物イオンCl^-と水酸化ナトリウム水溶液の中の

陽イオンのナトリウムイオンNa^+が結びついて塩化ナトリウム$NaCl$という塩ができる。

(5) 硫酸の中の陰イオンの硫酸イオンSO_4^{2-}と水酸化バリウム水溶液の中の陽イオンのバリウムイオンBa^{2+}が結びついて硫酸バリウム$BaSO_4$という塩ができる。

定着させよう　解答

1 (1) 名称…塩化水素，化学式…Cl^-
(2) ① **ア**　② **ウ**　③ **イ**　④ **ア**

2 (1) **ウ**　(2) 銅板　(3) a　(4) **ア**

3 (1) 中和によって，水素イオンの数がAより少なくなったから。
(2) OH^-

解説

1 (1) 塩酸の溶質である気体Zは塩化水素HClである。塩化水素が水にとけると，陰イオンである塩化物イオンCl^-と陽イオンである水素イオンH^+に電離する。

(2) 実験1で，図1の装置で塩酸を電気分解したとき，陰極(電極A)からは火を近づけると音を立てて燃える水素(気体X)が発生し，陽極(電極B)からは漂白作用のある塩素(気体Y)が発生する。塩素は水にとけやすいので，あまり集めることができない。
実験2で，青色リトマス紙を赤色にする(酸性の性質を示す)のは，塩化水素が電離してできた水素イオンである。水素イオンは陽イオンなので，左側(陰極側)に引かれて移動するため，うすい塩酸をしみこませた糸から左側(陰極側)に向かって赤色に変化した部分が広がる。

2 (1) 素焼き板は，2つの水溶液が混ざらないようにするために入れる。素焼き板には小さな穴(あな)が開いていて，イオンを通すことができる。

(2)〜(4) 亜鉛Znと銅Cuの陽イオンへのなりやすさは，亜鉛Znのほうが大きい。これにより，**ダニエル電池**では，亜鉛板の亜鉛原子Znが，電子を放出して亜鉛イオンZn^{2+}となりとけ出す。放出された電子は，導線を通って銅板へ移動する。そして，硫酸銅水溶液中の銅イオンCu^{2+}が電子を受けとり，銅Cuとなって銅板に付着する。したがって，＋極は銅板，－極は亜鉛板である。これらの変化を式で表すと，＋極は(4)の**エ**，－極は(4)の**ア**となる。

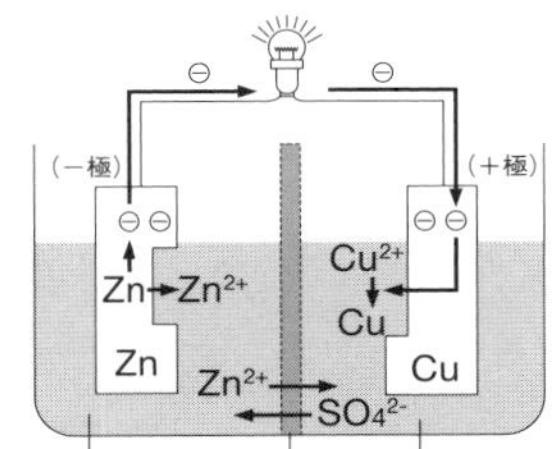

3 (1) うすい塩酸にマグネシウムリボンを入れると，マグネシウムがマグネシウムイオンになるときに放出した電子を水素イオンが受けとって水素原子となり，これが2個結びついて水素分子となって発生する。うすい塩酸にうすい水酸化ナトリウム水溶液を加えると，中和によって水素イオンの数が減るため，マグネシウムリボンを入れたときの水素の発生が弱くなる。

(2) BTB溶液を青色にするのはアルカリ性の水溶液で，アルカリ性の性質を示すのは水酸化物イオンOH^-である。Cで水素が発生しなかったのは，うすい水酸化ナトリウム水溶液が過剰なためで，水溶液中には水酸化物イオンOH^-とナトリウムイオンNa^+と塩化物イオンCl^-がある。

4日目 光・音・力・電流

整理しよう　解答

1 (1) 等しくなる　(2) 入射角
(3) 全反射　(4) 焦点距離の2倍の位置
(5) 虚像

2 (1) 音源(発音体)　(2) 振動数　(3) ア

3 (1) 重力　(2) 垂直抗力　(3) 摩擦力
(4) 比例
(5) ① 一直線　② 反対　③ 等しい

4 (1) ① 0.15 A　② 12 Ω　③ 0.45W
(2) N極　(3) 誘導電流

解説

1 (1) 光が反射するとき，入射角と反射角が等しい。これを(光の)**反射の法則**という。

(2) 右の図のように，光が空気中からガラスの中に入るときは屈折角が入射角より小さくなり，光がガラスの中から空気中へ出るときは屈折角が入射角より大きくなる。

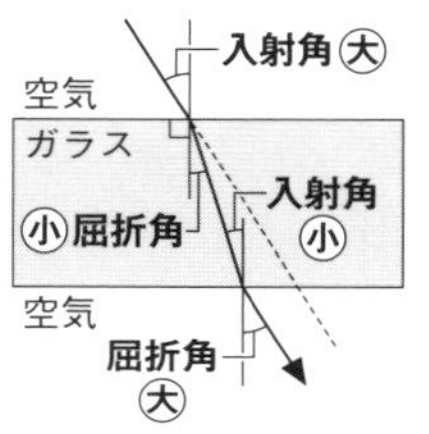

(3) 右の図のように，光が水中やガラスの中から空気中へ出るとき，入射角がある角度より大きくなるとすべての光が反射する。このような現象を**全反射**という。

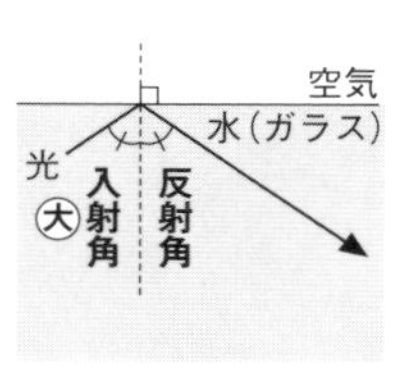

(4) 下の図のように，物体を**焦点距離の2倍の位置**に置くと，凸レンズをはさんで反対側の焦点距離の2倍の位置に，**物体と同じ大きさの実像**ができる。

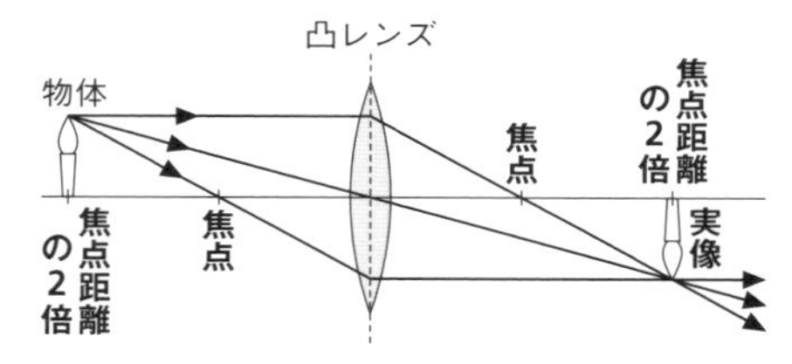

(5) 下の図のように，物体を焦点より凸レンズに近い位置に置き，物体の反対側から凸レンズを通して物体を見ると，物体より大きい**虚像**が見られる。

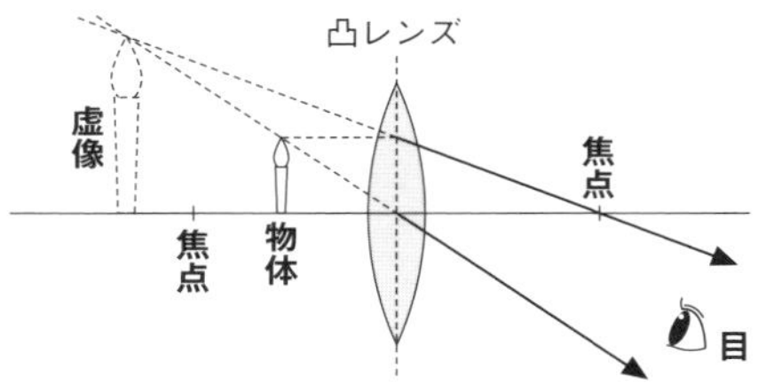

2 (3) 振動数が多いほど高い音が出て，振幅が大きいほど大きい音が出る。

3 (1) 重力は，地球上のすべての物体にはたらき，その向きは鉛直下向き(おもりを糸でつりさげたときの糸の向き)である。

(4) ばねののびは，ばねに加えた力の大きさに比例する(**フックの法則**)。

(5) 同じ物体にはたらく2力が一直線上で反対向きに等しい大きさではたらいているとき，その2力はつり合っている。

4 (1) ① 電流計1を流れている0.4Aの電流が，並列になっている電流計2の部分と電流計3の部分(0.25A)に分かれて流れるので，電流計2を流れている電流の大きさは，

$0.4 - 0.25 = 0.15\text{A}$

② 並列回路では，どこも電源の電圧と同じ大きさの電圧が加わる。したがって，電熱線Bにも3Vが加わり0.25Aの電流が流れている。これをもとに，オームの法則より，

$$抵抗〔\Omega〕= \frac{電圧〔\text{V}〕}{電流〔\text{A}〕} = \frac{3\text{V}}{0.25\text{A}} = 12\,\Omega$$

③ 電力〔W〕＝電圧〔V〕×電流〔A〕より，

$3\text{V} \times 0.15\text{A} = 0.45\text{W}$

(3) コイルの中の磁界を変化させると，コイルに電流を流そうとする電圧が生じる。このような現象を**電磁誘導**といい，このとき流れる電流を**誘導電流**という。

定着させよう　解答

1 (1) 焦点　(2) 短く
2 (1) ア　(2) ウ
3 (1) ばねA…5.0cm，ばねB…6.0cm
(2) ① 6.0cm　② 3.0cm　③ 3.0cm
4 (1) 比…1：4，点Z…0.75A
(2) 8Ω

解説

1 (1) 光軸に平行な光が，凸レンズで屈折したあと，必ず通る点を**焦点**といい，凸レンズの中心から焦点までの距離を**焦点距離**という。
(2) 凸レンズの厚さが厚くなると，レンズでの屈折が大きくなるため，焦点距離が短くなる。

2 (1) bはaより強くはじいたので，振幅(しんぷく)が大きい**ウ**である。cはaより弦(げん)が短いので振動数が多くなり，dはcより短いのでさらに振動数が多くなるので，aは**イ**，cは**ア**，dは**エ**である。
(2) (1)の解説よりaは**イ**，cは**ア**。グラフより，**ア**の振動数は**イ**の振動数の$\frac{4}{3}$倍。
aのグラフである**イ**の振動数が120Hzなので，cのグラフである**ア**の振動数は，
$$120 \times \frac{4}{3} = 160\,\text{Hz}$$

3 (1) 表より，ばねAは0.25Nの力で2.0cmのびている。よって，おもりをつるしていないときの長さは，
7.0 − 2.0 = 5.0cm
表より，ばねBは0.25Nの力で1.0cmのびている。よって，おもりをつるしていないときの長さは，
7.0 − 1.0 = 6.0cm
(2) 質量75gの物体にはたらく力の大きさは0.75Nである。
① 表より，ばねAに0.75Nの力を加えたとき11.0cmになっていることがわかる。よって，ばねAののびは，
11.0 − 5.0 = 6.0cm
② ばねBにかかる力は，①のばねAにかかる0.75Nと同じである。表より，ばねBに0.75Nの力を加えたとき9.0cmになっていることがわかる。よって，ばねBののびは，
9.0 − 6.0 = 3.0cm
③ 滑車(かっしゃ)とおもりの合計の質量は，
75 + 75 = 150g
なので，はたらく力の大きさは1.50N。これが，滑車の左側のばねBと右側の糸に1：1の割合で分かれるので，ばねBにかかる力は，
1.50 ÷ 2 = 0.75N
したがって，ばねBののびは，②のときと同じ3.0cmとなっている。

4 (1) 並列回路では，どこにも電源と等しい電圧が加わるので，**電流の大きさは抵抗の大きさに反比例**する。抵抗の大きさの比は，
抵抗X：抵抗Y = 40：10 = 4：1
となるので，流れる電流の大きさの比は，
抵抗X：抵抗Y = 1：4
点Zを流れる電流は，抵抗Xを流れる電流と抵抗Yを流れる電流の和なので，
0.15A × (1 + 4) = 0.75A
(2) 電源の電圧は，各抵抗に加わる電圧と等しいので，抵抗Xに加わる電圧を求めればよい。オームの法則より，
電圧〔V〕= 抵抗〔Ω〕× 電流〔A〕
= 40Ω × 0.15A
= 6V
全体の電気抵抗は，オームの法則より，
$$抵抗〔\Omega〕= \frac{電圧〔V〕}{電流〔A〕} = \frac{6\,\text{V}}{0.75\,\text{A}} = 8\,\Omega$$

5日目 力と運動・仕事とエネルギー

整理しよう 解答

1 (1) 作用・反作用の法則
(2) 合力　(3) 慣性の法則
(4) 大きくなる　(5) 4 N

2 (1) 60 km/h　(2) 瞬間の速さ　(3) 比例
(4) ① 等速直線運動　② 比例

3 (1) ① 60 J　② 60 J　③ 60 J
(2) ① 0 J　② 1000 J　③ 100 W

4 (1) 力学的エネルギー
(2) 力学的エネルギーの保存
（力学的エネルギー保存の法則）
(3) エネルギーの保存
（エネルギー保存の法則）

解説

1 (1) 物体に加えた力が**作用**で，そのとき物体から受ける力が**反作用**である。作用と反作用は2つの物体の間ではたらき，一直線上で反対向きに等しい大きさではたらいている。

(3) 物体にはたらく力がないかつり合っているとき，静止する物体は静止し続け，運動する物体はそれまでの速さで**等速直線運動**を続ける。このように，物体がそれまでの運動の状態を続けようとすることを**慣性の法則**といい，物体のもつこのような性質を**慣性**という。

(4) 水圧とは，その位置より上にある水の重さによって生じる圧力なので，水の深さが深くなるほど大きくなる。

(5) はたらいた浮力のぶんだけばねばかりにかかる力が小さくなるので，はたらいた浮力の大きさは，$10 - 6 = 4$N

2 (1) ある地点間を一定の速さで移動したと考えて求めた速さを**平均の速さ**という。

$$\text{速さ〔km/h〕} = \frac{\text{移動距離〔km〕}}{\text{移動時間〔h〕}}$$

$$= \frac{300\,\text{km}}{5\,\text{h}} = 60\,\text{km/h}$$

(2) 平均の速さに対して，速度計などが示す速さのように，ごく短い時間で移動した距離をもとに求めた速さを**瞬間の速さ**という。

(3) 台車が斜面を下るときや物体が落下するときは運動の向きに一定の力がはたらき続けるので，一定の割合で速さが増加する。よって，斜面を下る台車の速さは移動時間に比例する。

(4) ① 物体が一直線上を一定の速さで進む運動を**等速直線運動**という。
② 等速直線運動を行っている物体の移動距離は，移動時間に比例する。

3 (1) ① 仕事の大きさは，加えた力〔N〕と力の向きに動いた距離〔m〕の積で表される。

仕事〔J〕
＝加えた力〔N〕
×力の向きに移動させた距離〔m〕
$= 20\,\text{N} \times 3\,\text{m} = 60\,\text{J}$

② 位置エネルギーは，物体にはたらく重力の大きさ＝物体の重さ〔N〕と基準面からの高さ〔m〕の積で表される。

位置エネルギー〔J〕
＝物体の重さ〔N〕
×基準面からの高さ〔m〕
$= 20\,\text{N} \times 3\,\text{m} = 60\,\text{J}$

③ 物体が落下するとき，減少した位置エネルギーのぶんだけ運動エネルギーが増加する。図1の状態で，手を離す前に物体がもっていた位置エネルギーは60 J（②より）で，床（基準面）に落ちたときに物体がもっている位置エネルギーは0 Jなので，60 Jのすべてが運動エネルギーに変換されているといえる。

(2) ① 力を加えた向きに物体が動いていないので，仕事をしたことにはならない。
② 200 Nの力を加えた向きに物体を5 m移動させたので，

仕事〔J〕
＝加えた力〔N〕
×力の向きに移動させた距離〔m〕
$= 200\,\text{N} \times 5\,\text{m} = 1000\,\text{J}$

③ 一定の時間あたりにした仕事を**仕事率**という。特に，1秒あたりにした仕事の大きさを示した仕事率はワット(W)という単位で表す。

$$仕事率〔W〕=\frac{仕事〔J〕}{時間〔s〕}$$
$$=\frac{1000\,J}{10\,s}=100\,W$$

4 (1) 位置エネルギーと運動エネルギーの和を**力学的エネルギー**という。

(2) ふりこが振れているときや，台車が斜面上を運動しているときなど，運動する物体に重力がはたらいているとき，摩擦(まさつ)や空気抵抗がなければ，力学的エネルギーの大きさは一定に保たれる。これを，**力学的エネルギーの保存**(**力学的エネルギー保存の法則**)という。

(3) エネルギーが変換されるとき，変換される前後のエネルギーの総量は変化しない。これを，**エネルギーの保存**(**エネルギー保存の法則**)という。

定着させよう　解答

1 (1) **ウ**　(2) ① **ア**…大きく(速く)　**イ**…等速直線　② 82 cm/s　③ **ア**

2 ① 4　② 2

3 (1) 右図(点線は位置エネルギー)

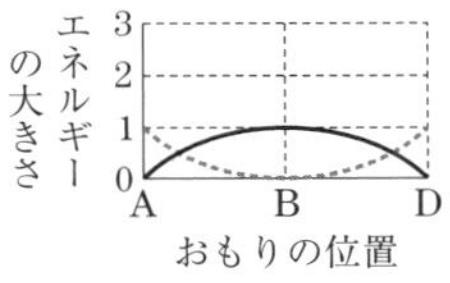

(2) 1

解説

1 (1) 重力は必ず鉛直(えんちょく)下向きにはたらく。

(2) ① **ア**：しだいにテープが長くなっているので，しだいに速さが大きく(速く)なっていることがわかる。

イ：一直線上を一定の速さで動く運動を等速直線運動という。

② 1秒間に60回打点する記録タイマーが6打点する時間は，

$$\frac{1}{60}\times 6=\frac{1}{10}=0.1\,s$$

$$速さ〔cm/s〕=\frac{移動距離〔cm〕}{移動時間〔s〕}$$
$$=\frac{8.2\,cm}{0.1\,s}=82\,cm/s$$

③ 等速直線運動をするのは，物体に力がはたらいていないか，物体にはたらいている力がつり合っているときである。この場合は，台車にはたらく重力と水平面から台車にはたらく垂直抗力がつり合っている。

2 ① 右図のように，傾(かたむ)き30°の斜面上の物体にはたらく重力の斜面方向の分力の大きさは，重力の$\frac{1}{2}$倍となる。

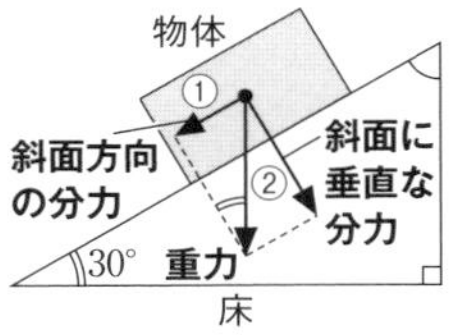

また，動滑車(どうかっしゃ)を使っているのでさらに$\frac{1}{2}$倍となる。よって，図2の糸を引く力は図1の，$\frac{1}{2}\times\frac{1}{2}=\frac{1}{4}$倍となる。よって，図1の糸を引く力は図2の4倍である。

② 図2では動滑車を使っているので，糸を引く距離は，図1の2倍である。また，①より，図2の糸を引く力の大きさは，図1の$\frac{1}{4}$倍であるから，図2の場合の仕事の大きさは図1の，$\frac{1}{4}\times 2=\frac{1}{2}$倍となる。よって，図1の仕事の大きさは図2の2倍である。

3 (1) 力学的エネルギー(位置エネルギーと運動エネルギーの和)は一定に保たれるので，位置エネルギーが減少したぶんだけ運動エネルギーが増加し，位置エネルギーが増加したぶんだけ運動エネルギーが減少する。したがって，位置エネルギーと反対向きのグラフとなる。

(2) 力学的エネルギーはつねに一定に保たれているので，おもりがどの位置にあるときも，おもりが振(ふ)れ始めるときにもっている位置エネルギーと同じ1である。

6日目 生物の特徴と分類

整理しよう 解答

1 (1) エ (2) つけない (3) 150倍
2 (1) 被子植物
(2) 胚珠…種子，子房…果実
(3) ① A ② a…胚珠，b…花粉のう
3 (1) 網状脈
(2) A…側根，B…主根，C…ひげ根
4 (1) 単子葉類 (2) 離弁花類
(3) 胞子 (4) シダ植物
5 (1) セキツイ動物 (2) 胎生
(3) ハチュウ類 (4) 両生類
(5) 節足動物 (6) 軟体動物

解説

1 (1) ルーペは目に近づけて，観察物を動かせるときは観察物を前後に動かし，観察物を動かせないときは頭を前後に動かしてピントを合わせる。
(3) 顕微鏡の倍率
＝接眼レンズの倍率×対物レンズの倍率
$= 10 \times 15 = 150$〔倍〕

2 (1) 胚珠が子房の中にある花をつける植物を**被子植物**といい，子房がなく胚珠がむき出しになっている花をつける植物を**裸子植物**という。
(2) 受粉が行われると，**胚珠が種子**になり，**子房が果実**になる。裸子植物の花には子房がないため，果実はできない。
(3) ① 先端についているのが雌花で，その下にたくさんついているのが雄花である。
② 雌花のりん片の内側についているaは胚珠で，雄花のりん片の外側についているbは花粉のうである。花粉のうの中には花粉が入っている。

3 (1) 双子葉類に見られる網目状の葉脈を**網状脈**，単子葉類に見られる平行な葉脈を**平行脈**という。
(2) 双子葉類の根は，主根から側根が枝分かれして出ている。単子葉類の根はひげ根になっている。

4 (1) 胚珠が子房の中にある花をさかせる被子植物は，子葉が1枚出る**単子葉類**と子葉が2枚出る**双子葉類**に分類できる。
(2) 子葉が2枚出る双子葉類は，花弁が1枚1枚離れている**離弁花類**と，花弁がくっついている**合弁花類**に分類できる。
(3) シダ植物やコケ植物は，種子ではなく胞子をつくってなかまをふやす。
(4) シダ植物には，葉・茎・根の区別があるが，コケ植物には，区別がない。

5 (1) 背骨がある動物を**セキツイ動物**といい，背骨がない動物を**無セキツイ動物**という。
(2) ホニュウ類のように，子が母体内である程度育ってからうまれるうまれ方を**胎生**という。
(3) 陸上に殻のある卵をうむのはハチュウ類と鳥類で，このうち，体表がうろこでおおわれているのはハチュウ類である。
(4) 両生類の卵は水中にうみ出され，水中で卵からかえった幼生はえらと皮膚で呼吸を行うが，成体になるころには肺ができ，陸上に上がって肺と皮膚で呼吸をするようになる。
(5) 無セキツイ動物で，昆虫類やクモ類などのように，からだやあしに節がある動物を**節足動物**という。

定着させよう 解答

1 (1) 柱頭 (2) **エ** (3) **ア**
2 C
3 (1) 無セキツイ動物
(2) からだを支えたり，保護したりするはたらき。
(3) 外とう膜 (4) **ウ**
4 ヒト…**ウ**，ニワトリ…**オ**

解説

1 (1) めしべの先端部分を**柱頭**という。おしべのやくの中でつくられた花粉がめし

べの柱頭につくことを**受粉**という。トウモロコシの場合は，絹糸に花粉がつくことが受粉となるので，絹糸がめしべの柱頭にあたるといえる。

(2)，(3) トウモロコシやアブラナは被子植物なので，受粉が行われると，そのあと精細胞の核と卵細胞の核が合体して受精卵ができ，その後成長して，受精卵が胚になり，胚珠が**種子**になり，子房が**果実**になる。**ウ**の胞子は，シダ植物やコケ植物などの種子をつくらない植物がなかまをふやすためにつくるものである。

2 AとBは種子ではなく胞子をつくる植物で，Aは葉・茎・根の区別がないので**コケ植物**，Bは葉・茎・根の区別があるので**シダ植物**である。Cは，種子をつくり，胚珠がむき出しなので**裸子植物**である。DとEは種子をつくる植物で，胚珠が子房の中にあるので**被子植物**で，Dは子葉が1枚なので**単子葉類**，Eは子葉が2枚なので**双子葉類**である。マツは，裸子植物なのでCのなかまに入る。

3 (1)，(3) 背骨をもたない無セキツイ動物のうち，イカやアサリなどの軟体動物は，内臓が外とう膜でつつまれている。

(4) ホニュウ類は肺で呼吸し，子のうまれ方は胎生で，からだの表面が毛でおおわれている(クジラは体表にほとんど毛が見られない)。**エ**は鳥類のハトにもあてはまるため，**ウ**が適当である。

4 Ⅰより，胎生である動物はホニュウ類なので，**ウ**はヒトである。Ⅱより，背骨がない動物は無セキツイ動物の節足動物や軟体動物，つまり**エ**はイカである。Ⅲより，子と親で呼吸のしかたが異なるのは両生類であるから，**カ**はカエルである。残っている動物のニワトリ，ヘビ，メダカについて考える。Ⅳより，体表がうろこではない動物はニワトリなので，**オ**はニワトリである。残っているヘビ，メダカはそれぞれ**ア**，**イ**のいずれかであるが，Ⅲに着目すると，ヘビは肺で呼吸することから**イ**，メダカはえらで呼吸することから**ア**と決まる。

7日目 生物のからだのつくりとはたらき

整理しよう　解答

1 (1) 道管　(2) 師管　(3) 維管束
(4) ① A…水，B…二酸化炭素
C…酸素
② 光合成　③ 葉緑体
(5) 蒸散

2 (1) 消化酵素　(2) 小腸　(3) 柔毛
(4) **イ**，**ウ**

3 (1) 肺胞
(2) ① 記号…A，名称…赤血球
② 記号…D，名称…白血球
(3) ① **ア**，**エ**　② **イ**，**ウ**
(4) 小腸　(5) じん臓

4 (1) 目　(2) 中枢神経
(3) 末しょう神経　(4) 反射

解説

1 (1)～(3) 根から吸収した水が通る管を**道管**，葉でつくられた栄養分が通る管を**師管**といい，道管と師管が集まって束のようになっている部分を**維管束**という。茎では，道管は維管束の中の内側に集まっていて，師管は維管束の中の外側に集まっている。また，**双子葉類では維管束が輪状**に並んでいるが，**単子葉類では維管束が散在**している。

(4) 植物の細胞の中の葉緑体で，根から吸収されて道管を通って運ばれてきた水(A)と気孔からとり入れた二酸化炭素(B)を材料としてデンプンを合成するはたらきを**光合成**という。光合成では光のエネルギーを利用し，デンプンと同時に酸素(C)もできる。また，このときできた酸素は気孔から放出される。

2 (1) 消化酵素には，だ液などにふくまれていてデンプンを分解するアミラーゼ，胃液にふくまれていてタンパク質を分解するペプシン，すい液にふくまれていて脂肪を分解するリパーゼなどがある。

(2) 消化された栄養分は，水分とともに小腸から吸収される。小腸で吸収されなかった水分は大腸で吸収される。

(3) 柔毛の中には**毛細血管**と**リンパ管**が通っていて，消化された栄養分はこの中に入る。柔毛があることによって表面積が大きくなり，消化された栄養分を効率よく吸収することができる。

(4) デンプンが消化されてできたブドウ糖と，タンパク質が消化されてできたアミノ酸は，柔毛の中を通る毛細血管の中に入り，血液によって**肝臓へ運ばれる**。ブドウ糖とアミノ酸の一部は他の物質に変えられて肝臓でたくわえられ，たくわえられなかったブドウ糖とアミノ酸は血液によって全身に運ばれる。脂肪が消化されてできた脂肪酸とモノグリセリドは，柔毛の壁を通りぬけるとすぐに再び結びついて脂肪にもどり，柔毛内のリンパ管の中に入る。リンパ管の中に入った脂肪は，その後リンパ管が血管につながったところで血管の中に入り，血液によって全身に運ばれる。

3 (1) 肺の中が**肺胞**という小さな袋に分かれていることによって表面積が大きくなり，肺胞のまわりをとり囲む毛細血管との物質の交換を効率よく行うことができる。

(2) Aの赤血球の中の**ヘモグロビン**が酸素と結びつくので，赤血球には酸素を運ぶはたらきがある。Bの血小板は，出血したときに血液を固めて，止血するはたらきがある。Cの血しょうという液体は，血液の成分以外にも栄養分や不要物，二酸化炭素などをとかして運ぶはたらきがある。Dの白血球は，血管の中に入ってきた細菌などの異物をつつみこんで分解するはたらきがある。

(3) ① 肺で酸素を受けとった血液は肺静脈を通って心臓へ送られ，大動脈を通って全身へ運ばれる。よって，肺を通ってから全身へ運ばれる前の**肺静脈**と**大動脈**を流れる血液には**酸素**が多くふくまれている。

② 全身で二酸化炭素を受けとってきた血液は，大静脈を通って心臓へ送られ，肺動脈を通って肺へ運ばれる。よって，全身を通ってから肺へ運ばれる前の**大静脈**と**肺動脈**を流れる血液には酸素が少なく，**二酸化炭素**が多くふくまれている。

(4) 栄養分の多くは小腸で血液中に吸収されるので，小腸を通ったばかりの血液には多くの栄養分がふくまれている。

(5) 血液中の二酸化炭素以外の不要物は**じん臓**でこし出され，尿(にょう)となって体外へ排出される。よって，じん臓を通ったばかりの血液は，二酸化炭素以外の不要物が最も少ない。

4 (1) 光を感じる感覚器官は目，音を感じる感覚器官は耳，臭(にお)いを感じる感覚器官は鼻，味を感じる感覚器官は舌(した)，圧力や温度，痛みなどを感じる感覚器官は皮膚(ひふ)である。

(2) 脳やせきずいなどのように，たくさんの神経細胞が集まっていて，命令の信号を出す重要な神経を**中枢神経**という。

(3) 感覚神経や運動神経のように，中枢神経から枝分かれして全身にはりめぐらされた神経を**末しょう神経**という。

(4) 熱いものに触れて思わず手を引っこめる反応や，暗いところに入るとひとみが大きくなる反応のように，刺激を受けて，無意識に起こる反応を**反射**という。

定着させよう　解答

1 (1) **ウ**　(2) **エ**

2 ① タンパク質　② ペプシン　③ C

3 (1) 酸素が最も多くふくまれた血液…④
栄養分が最も多くふくまれた血液…⑤
(2) 尿素

4 (1) D, B, A, C, F
(2) 名称…反射, 記号…**ア**, **エ**

解説

1 (1) ③の操作でヨウ素液に浸(ひた)すことによって, どこでデンプンがつくられていたかを調べる実験である。デンプンがあると青紫色に変化するが, 葉の緑色が残っていると色の変化が見にくいので, あたためたエタノールに浸して脱色し, ヨウ素液に浸したときの色の変化を見やすくしておく。

(2) 光合成ができるのは, 緑色で光の当たっているAの部分である。Aの部分と光が当たっていないこと以外は同じ条件であるところはCの部分である。BやDの部分は葉緑体のないふの部分なので, Aと光以外の条件が異なるため, 光が必要かどうかを調べる実験にはならない。なお, 光合成に葉緑体が必要かどうか(緑色であることが必要かどうか)を調べるためにはAとB(Aと葉緑体以外の条件が同じところ)を比較すればよい。

2 ①, ② タンパク質は, はじめに胃液の中のペプシンという消化酵素によってペプチド(アミノ酸が鎖(くさり)状につながった物質)に分解される。このあと, すい液にふくまれるトリプシンという消化酵素や小腸の壁の消化酵素などによって分解されアミノ酸になる。

③ 消化されてできたアミノ酸やブドウ糖, 脂肪酸, モノグリセリドなどは, Cの小腸の壁から吸収される。また, Aは胆のう, Bはすい臓, Dは大腸である。

3 (1) 肺で血液中に酸素をとり入れるので, 肺を通ってすぐの血液(④の肺静脈を流れる血液)には酸素が最も多くふくまれている。また, おもに小腸で血液中に栄養分をとり入れるので, 小腸を通ってすぐの血液(⑤を流れる血液)には栄養分が最も多くふくまれている。

(2) タンパク質の分解によって生じた有害な**アンモニア**は, 血液によって肝臓に運ばれ, 無害な(害の少ない)**尿素**に変えられる。肝臓でつくられた尿素は血液中に出され, 血液によってじん臓へ運ばれ, 水分やそのほかの不要物といっしょにじん臓でこし出されて尿の一部となり, 体外へ排出される。

4 (1) 皮膚で「かゆい」という刺激を受けとり, その信号がDの感覚神経からB→Aの脳へ伝わり, 脳から「手で背中をかく」という命令が出され, 命令の信号がC→Fの運動神経から筋肉へ伝わって, 筋肉が反応して手が動く。

(2) だ液の分泌は無意識に起こる反射である。

8日目 生物のふえ方と遺伝・生態系

整理しよう　解答

1 (1) 染色体
(2) A→C→E→F→D→B

2 (1) 無性生殖 (2) 栄養生殖 (3) 受精
(4) 有性生殖 (5) 花粉管

3 (1) 遺伝子 (2) 染色体
(3) DNA (4) 減数分裂
(5) $\frac{1}{2}$倍
(6) (丸い種子：しわのある種子＝)3：1
(7) 進化 (8) 相同器官

4 (1) 食物連鎖
(2) ① X…酸素，Y…二酸化炭素
② 呼吸

解説

1 (2) A(分裂前の細胞。分裂の直前になると，染色体が複製されて2倍の数になる。)→C(核の中の染色体が見えるようになる。)→E(核が消えて，核の中にあった染色体が中央付近に並ぶ。)→F(染色体が両極に分かれていく。)→D(両極に分かれた染色体がそれぞれまとまって核をつくり，間にしきりができ始める。)→B(新しい2個の細胞ができる。)

2 (1) 単細胞生物はふつう分裂によってふえる。また，ジャガイモやサツマイモなどはいもをつくってふえる。このように，雌雄にもとづかない(受精を行わない)生殖を**無性生殖**という。

(3) 雌雄の生殖細胞の核が合体することを**受精**といい，雌雄の生殖細胞の核が合体してできた新しい細胞を**受精卵**という。受精卵は細胞分裂をくり返して，個体としてのからだに成長していく。

(4) 植物の精細胞と卵細胞の受精，動物の精子と卵の受精による生殖のように，雌雄にもとづく生殖を**有性生殖**という。

(5) 花粉が柱頭につく(受粉)と，花粉から花粉管という管が胚珠に向かってのび，花粉管が胚珠に届くと，花粉管の中を移動してきた精細胞の核と胚珠の中の卵細胞の核が合体(受精)して受精卵ができる。

3 (1)，(2) 染色体の中にある遺伝子が生物の形質を現す。遺伝子が生殖によって子に伝わることによって，親の形質が子に伝わって現れる。

(3) 遺伝子の本体をDNAという。DNAはデオキシリボ核酸の略称である。

(4)，(5) 植物の精細胞や卵細胞，動物の精子や卵などの生殖細胞をつくるときは，生殖細胞の染色体の数は分裂前の体細胞の染色体の数の半分になる。このような，生殖細胞をつくるときの特別な細胞分裂を**減数分裂**という。減数分裂に対して，通常の細胞分裂を**体細胞分裂**という。体細胞分裂では，分裂の前後で染色体の数は変化しない。

(6) 子がすべて丸い種子になったので，丸い種子が顕性形質でしわのある種子が潜性形質である。種子を丸くする遺伝子をA，種子をしわにする遺伝子をaとすると，純系の丸い種子の遺伝子の組み合わせはAA，純系のしわのある種子の遺伝子の組み合わせはaaとなる。よって，AAとaaの交配によって生じる子のもつ遺伝子の組み合わせはすべてAaとなる。遺伝子の組み合わせがAaの子どうしを自家受粉させたときにできる孫の世代の遺伝子の組み合わせは，右の表のようにAA：Aa：aa＝1：2：1となる。AAとAaは丸い種子，aaはしわのある種子となるので，丸い種子：しわのある種子＝(1＋2)：1＝3：1となる。

	A	a
A	AA	Aa
a	Aa	aa

4 (1) 生物どうしの「食べる・食べられる」という関係でのつながりを**食物連鎖**という。実際の生態系の中では，1種類の生物が数種類の生物を食べるので，食

物連鎖によるつながりは網(あみ)の目のように複雑になる。このようなつながりを，食物網(しょくもつもう)という。

(2) Xは，すべての生物がとり入れているので，すべての生物が行う呼吸によってとり入れられる酸素である。Yは，すべての生物が出しているので，呼吸によって出される二酸化炭素である。なお，植物が，Yの二酸化炭素をとり入れて，Xの酸素を出すはたらきは光合成である。

定着させよう　解答

1 (1) **エ**　(2) **ア**
2 (1) **ア→エ→オ→イ→ウ**
(2) 過程…発生，個体…胚
(3) ① 減数分裂　② 11　③ 22
3 (1) 顕性形質　(2) **ア**
(3) **エ**
4 (1) **ウ**　(2) Bはふえるが D は減る。

解説

1 (1) 細胞内の核を観察するとき，**酢酸カーミン液**や**酢酸オルセイン液**などによって核や核の中の染色体を赤色や赤紫色に染めてから観察する。

(2) 図のBの位置は，細胞分裂がさかんに行われている部分なので，染色体が現れている分裂中の細胞が見られる。

2 (1) **ア**(受精卵)→**エ**(1回分裂後の細胞)→**オ**(3回分裂後の細胞)→**イ**(複数回分裂後の細胞)→**ウ**(1個の細胞が見えなくなるくらいまで小さくなるほどの回数だけ分裂した細胞。これまでは分裂のたびに細胞が小さくなっていくだけで，全体の大きさは変化しないが，このあと，全体の大きさが大きくなっていく)

(3) ① 卵や精子などの生殖細胞をつくるときの特別な細胞分裂を減数分裂という。
② 減数分裂では，生殖細胞の染色体の数は体細胞の染色体の数の半分になる。よって，体細胞の中の染色体の数が22本である生物の生殖細胞の中の染色体の数は，
$22 \div 2 = 11$〔本〕
③ それぞれ，染色体の数が$\frac{1}{2}$になった精子と卵が受精するので，受精卵の染色体の数は，体細胞の染色体の数と同じになる。

3 (1) エンドウの種子の丸形のように，対立形質(丸形としわ形)をもつ純系の親どうしをかけ合わせたとき，子に現れる形質を**顕性形質**といい，子に現れない形質を**潜性形質**という。

(2) X：生殖細胞は，減数分裂によって染色体数がもとの細胞の半分になるので，対になった遺伝子も半分になる。よって，丸形を表す生殖細胞のもつ遺伝子はA，しわ形を表す生殖細胞のもつ遺伝子はaである。
Y：Aの遺伝子をもつ生殖細胞とaの遺伝子をもつ生殖細胞が受精するので，子の遺伝子の組み合わせはすべてAaとなる。

(3) AaとAaの交配なので，右の表のようにAA：Aa：aa＝1：2：1となる。

	A	a
A	AA	Aa
a	Aa	aa

よって，丸形：しわ形
＝(AA＋Aa)：aa
＝(1＋2)：1
＝3：1
よって，丸形の種子の数は，

$$1068 \times \frac{3}{3+1} = 801〔個〕$$

4 (1) 食物連鎖の上位のものほど個体数は少ない。食物連鎖の上位には消費者である大形の肉食動物がくる。

(2) Cがふえると，BにとってはエサがふえるのでBは増加し，Dにとっては天敵がふえるのでDは減少する。

9日目 地震・火山・天気

整理しよう 解答

1 (1) 震源 (2) 震央 (3) 震度
(4) マグニチュード (5) 初期微動
(6) 主要動

2 (1) 白っぽくなる
(2) ねばりけの弱いマグマ
(3) 等粒状組織 (4) **ウ**
(5) 侵食 (6) 示準化石

3 (1) 大きくなる (2) 露点 (3) 50%
(4) 上昇気流 (5) 低気圧
(6) 高気圧から低気圧へ

4 (1) 寒冷前線 (2) 寒冷前線 (3) **ウ**
(4) **エ** (5) 台風

解説

1 (1), (2) 下の図のように，地震が発生した地下の場所を**震源**といい，震源の真上の地表の点を**震央**という。

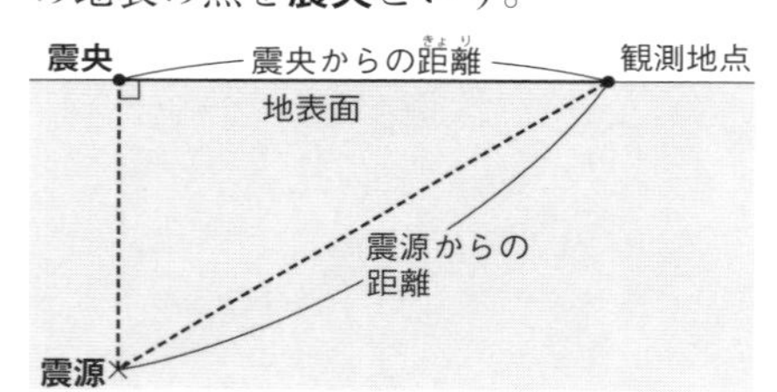

(3) 観測地点でのゆれの大きさは**震度**で表す。震度は0～7までの10階級(5と6は強と弱がある)で表すようになっている。

(4) 地震そのものの規模(地震から生じたエネルギーの大きさ)は，**マグニチュード**という尺度で表す。

(5), (6) 地震が発生したとき，はじめに起こる小さなゆれを**初期微動**といい，あとから起こる大きなゆれを**主要動**という。

2 (1) ねばりけの強いマグマが冷えると白っぽい岩石となり，ねばりけの弱いマグマが冷えると黒っぽくなる。

(2) ねばりけの弱いマグマが火口から流れ出すと，傾斜のゆるやかな火山をつくり，おだやかな噴火が起こる。ねばりけの強いマグマが火山をつくるときは，火口付近にドーム状の火山(溶岩ドーム)をつくり，激しい噴火が起こる。

(3) 図のように大きな結晶がぎっしりつまったつくりを**等粒状組織**といい，深成岩の特徴である。石基の中に斑晶が見られる**斑状組織**は，火山岩の特徴である。

(4) 安山岩は灰色っぽい火山岩，玄武岩は黒っぽい火山岩，花こう岩は白っぽい深成岩，はんれい岩は黒っぽい深成岩である。

(5) 流水が，風化した岩石の表面や川岸などをけずるはたらきを**侵食**，けずった土砂を流水が運ぶはたらきを**運搬**，運んできた土砂を積もらせるはたらきを**堆積**という。

(6) ごく短い期間に広い範囲で繁栄したあと，絶滅した生物の化石は，その化石が発見された地層が堆積した年代を知る手がかりとなる。このような化石を**示準化石**という。たとえば，「三葉虫→古生代」，「アンモナイト→中生代」，「ビカリア→新生代」などである。

3 (1) 圧力は，次のような公式で求められる。

$$\text{圧力〔Pa〕} = \frac{\text{面を垂直に押す力〔N〕}}{\text{力が加わる面の面積〔m}^2\text{〕}}$$

よって，分母である「力が加わる面の面積」が小さくなると，圧力は大きくなる。

(2) 空気中の水蒸気が飽和し，水滴になり始める温度を**露点**という。一定量の空気中にふくまれる水蒸気の量が多いほど，飽和に達しやすく，露点は高くなる。温度がその空気の露点に達すると，雲や霧が発生する。

(3) 湿度〔%〕

$$= \frac{\text{空気1m}^3\text{中の水蒸気量〔g/m}^3\text{〕}}{\text{その温度での飽和水蒸気量〔g/m}^3\text{〕}} \times 100$$

$$= \frac{11.5\,\text{g/m}^3}{23.0\,\text{g/m}^3} \times 100 = 50$$

よって，50%

(4) 空気が上昇するほど気圧が低くなって

温度も下がるので，ある高さで露点に達して雲ができ始める。よって，上昇気流が起こっているところでは雲ができやすい。

(5) 低気圧の中心では上昇気流が起こっているので雲ができやすい。

(6) 次の図のように，高気圧の中心で下降してきた空気が，地表面では低気圧へ向かって流れていく。この地表面での空気の流れが風である。

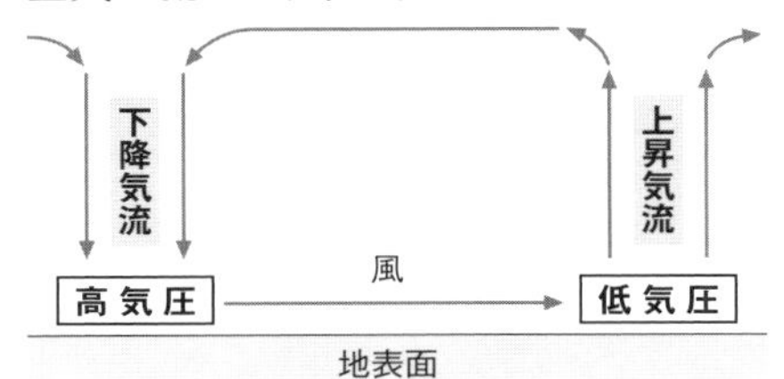

4 (1) 寒気が暖気を押し上げるように進むところにできる前線を**寒冷前線**といい，暖気が寒気の上にはい上がりながら進むところにできる前線を**温暖前線**という。

(2), (3) 寒冷前線が通過すると寒気におおわれるので**気温が下がり**，**風向は北寄り**になる。また，温暖前線が通過すると暖気におおわれるので気温が上がり，風向は南寄りになる。

(4) 日本付近で南北にのびた等圧線が混み合い，**西高東低**の気圧配置となっているので，典型的な冬の天気図である。

定着させよう　解答

1 (1) 主要動　(2) 活断層
(3) ① 120 km　② 16時22分53秒
2 (1) **ウ**　(2) 名称…示準化石，記号…**イ**
3 (1) **イ**　(2) **ウ**
4 **ア**

解説

1 (1) はじめに起こる小さなゆれを**初期微動**といい，初期微動に続く大きなゆれを**主要動**という。初期微動を起こすP波と主要動を起こすS波は震源で同時に発生するが，速さが異なるので各地点に伝わる時間に差ができる。

(2) 活断層による地震は，マグニチュードがそれほど大きくなくても，震源が地表面から近いと，震源から近い地点での震度が大きくなることがある。

(3) ① 図1より，初期微動が続いた時間(初期微動継続時間)が15秒なので，図2より，P波が届いてからS波が届くまでの時間が15秒になっている地点の震源からの距離を読みとると，120 km になっている。

② 図2より，P波が震源からの距離が 120 km の地点へ届くまでの時間は20秒となっているので，地震が発生した時刻は，

16時23分13秒 − 20秒
= 16時22分53秒

2 (1) 粒の直径が2 mm以上であればれき岩，2～0.06 mmであれば砂岩，0.06 mm以下であれば泥岩である。

(2) 化石が発見された地層が堆積した当時の年代を推定する手がかりとなる化石を**示準化石**といい，環境を知る手がかりとなる化石を**示相化石**という。アンモナイトは中生代の代表的な示準化石である。

3 (1) 問題の図より，気温11℃の飽和水蒸気量は $10\,g/m^3$ なので，空気 $1\,m^3$ にふくまれる水蒸気量は，

$$10 \times \frac{60}{100} = 6\,g/m^3$$

よって，露点に達するということは，水蒸気が飽和するということなので，飽和水蒸気量が $6\,g/m^3$ の気温をグラフから読みとると，約3℃となっている。

(2) 上空へ行くほど，その地点よりも上にある空気の量が少なくなるので，気圧は低くなる。

4 問題の図より，1日目の天気は晴れからくもり，2日目の天気はくもりから雨になっていることがわかる。晴れた日は，日中に気温が上昇すると湿度が下がることが多く，くもりや雨の日は，1日を通して気温と湿度の変化が小さいことが多い。このことより，Aが気温でBが湿度とわかる。

10日目 地球と宇宙

整理しよう　解答

1 (1) ① 60　② 反時計(左)
(2) 南中　(3) **ウ**

2 (1) 23時　(2) 3か月後
(3) 黄道（こうどう）　(4) 春分…B，夏至（げし）…A

3 (1) ① 黒点（こくてん），② プロミネンス(紅炎)，
③ コロナ
(2) ① e，② c，③ g

4 (1) 太陽系
(2) 水星，金星，地球，火星
(3) 木星，土星，天王星，海王星
(4) 銀河系　(5) 銀河

解説

1 (1) 北の空の星は，**北極星**を中心にして**1時間で約15°**ずつ反時計(左)回りに動く。よって，4時間で動く角度は，
$15° \times 4 = 60°$

(2) 太陽や月，南の空を通る星などは，**南中**したときに高度が最も高くなる。

(3) 天体の日周運動は**地球の自転**によって起こる見かけの運動で，天体の年周運動は**地球の公転**によって起こる見かけの運動である。

2 (1) 同じ星が同じ位置に見られる時刻は，1か月で約2時間ずつ早くなる。よって，10か月後は20時間早くなる。19時に南中した星が10か月後に南中する時刻は，
$19 - 20 = -1$時
$24 - 1 = 23$時

(2) 同じ星が同じ時刻に見える位置は1か月で日周運動と同じ向きへ(南の空を通る星は東から西へ) 30°ずつ移動する。真東から出た星が南中するまでに動いた角度は90°なので，
$90 \div 30 = 3$か月後

(3) 地球が太陽のまわりを公転することによって，太陽は天球上の星座の間を西から東へ移動し，1年を周期にしてもとの位置にもどる。このときの天球上の太陽の見かけの通り道を**黄道**という。

(4) 春分の日や秋分の日の太陽は，真東から出て真西に沈（しず）み，昼の長さが約12時間になる。夏至の日の太陽は，最も北寄りから出て，南中高度が最も高くなり，最も北寄りに沈む。また，昼の長さが最も長くなる。冬至（とうじ）の日の太陽は，最も南寄りから出て，南中高度は最も低くなり，最も南寄りに沈む。また，昼の長さが最も短くなる。

3 (1) ① 太陽の表面の温度は約6000℃であるが，一部に温度が約4000℃になっていて黒いしみのように見える部分がある。これを**黒点**という。

(2) ① 地球から見て，太陽が月の90°右側にあるとき，月の右半分が光って見える。
② 日食は，月が太陽をかくす現象なので，地球と太陽の間に月が入ったときに起こる。よって，日食が見られるのは，地球から見て太陽と月が同じ方向に見えるcのときで，このとき月は新月となっている。
③ 月食は，月が地球の影に入る現象なので，地球から見て月が太陽と反対側にきたときに起こる。よって，月食が見られるのは，地球から見て太陽と反対側に位置するgのときで，このときの月は満月となっている。

4 (2) 水星，金星，地球，火星のように，おもに岩石でできていて，比較的密度が大きい惑星（わくせい）を**地球型惑星**という。

(3) 木星，土星，天王星，海王星のように，おもに気体でできていて，比較的密度が小さい惑星を**木星型惑星**という。

(4) 太陽系をふくむ数千億個の恒星の大集団を**銀河系**という。

(5) 銀河系の外にも，銀河系と同じような恒星の大集団がたくさんある。このような恒星の大集団を**銀河**という。

定着させよう　解答

1 (1) ① **ウ**　② D　③ **エ**
(2) ① 午後10時　② a…**ウ**，b…**イ**

2 (1) **ウ**　(2) ① **ク**　② **ア**

3 (1) **イ**　(2) **ウ**

4 銀河系

解説

1 (1) ①，③ 春分の日，秋分の日の太陽は，真東から出て真西に沈む。また，春分の日の太陽の南中高度は，次の式によって求めることができる。

春分の日の太陽の南中高度
＝90°－緯度＝90°－35°＝55°

真東から出て真西に沈むのは**ア**，**ウ**，**オ**である。その中で，南中高度がおよそ55°になっているのは**ウ**である。

② 日本がある北半球(北極側)を太陽へ傾(かたむ)けているAが夏至の日，北半球を太陽と反対側に傾けているCが冬至の日である。よって，Bは秋分の日，Dは春分の日の地球の位置である。

(2) ① 同じ星座の同じ時刻の位置は，1か月で約30°ずつ日周運動と同じ向きに移動する。また，星の日周運動では，1時間で約15°ずつ動く。よって，星が30°動くのにかかる時間は，

30÷15＝2時間

よって，午後8時にaの位置にあるオリオン座が30°動いて南中する時刻は，

午後8時＋2時間＝午後10時

② 下図のように，オリオン座は弧(こ)をえがくように動いている。よって，aの位置にあるときは**ウ**のように，bの位置にあるときは**イ**のように傾いている。

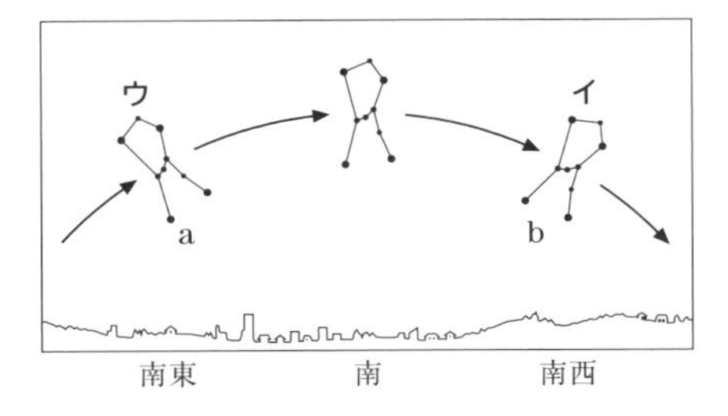

2 (1) 月食は，月が地球の影に入ることによって起こる現象なので，地球から見て月が太陽と反対側の**ウ**の位置にあるときに起こる。また，このときの月の形は満月である。

(2) ① 次の図のように，日没直後に南中するのは**ア**の位置にあるときなので，東の空に見えるのは**ウ**の位置にあるとき，西の空に見えるのは**キ**の位置にあるときである。したがって，南西の空に見えるのは，**ア**と**キ**の間の**ク**の位置にあるときである。

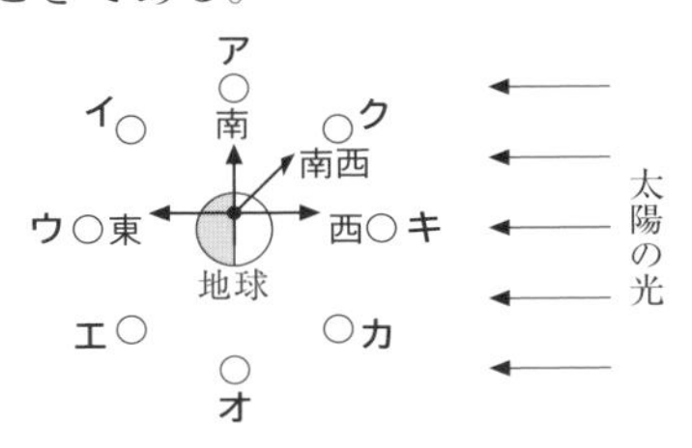

② 月は，**ク**の位置から反時計回りに公転していくので(**ク→ア→イ**…)，しだいに満ちていき，**ウ**の位置にきたときに満月になる。また，同じ時刻に見える月の位置は，1日に約12°ずつ月の日周運動の方向とは逆に，西から東へあともどりしていく。

3 (1) **ア**のように，大気をほとんどもたず，表面が無数のクレーターにおおわれた惑星は水星である。**ウ**のように，氷などの粒からなる巨大なリング(環)をもつのは土星である。土星のリングは，地球から望遠鏡で見ることができる。また，土星ほど幅広くないが，木星や天王星，海王星もリングをもっている。

(2) 金星が地球へ近づくほど見かけの大きさは大きくなるが，欠け方も大きくなっていく。

4 図のようにうずを巻いた円盤状(レンズ状)の，太陽系をふくむ数千億個の恒星の集まりのことを**銀河系**という。銀河系のような恒星の大集団は銀河系のほかにもたくさんあり，これらのことを**銀河**という。

第1回　入試にチャレンジ

解答

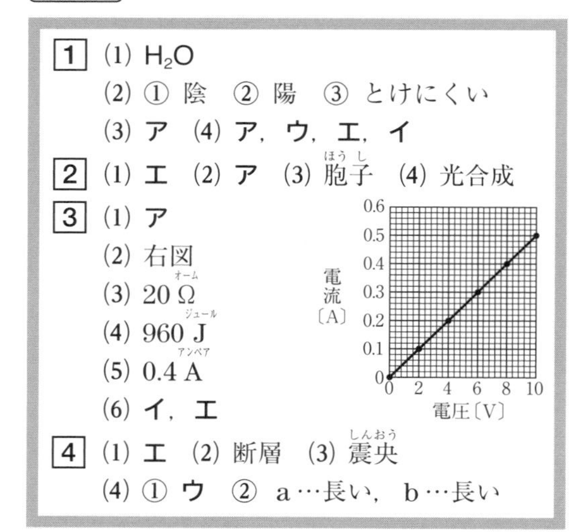

1 (1) H_2O
(2) ① 陰　② 陽　③ とけにくい
(3) **ア**　(4) **ア**，**ウ**，**エ**，**イ**

2 (1) **エ**　(2) **ア**　(3) 胞子　(4) 光合成

3 (1) **ア**
(2) 右図
(3) 20 Ω
(4) 960 J
(5) 0.4 A
(6) **イ**，**エ**

4 (1) **エ**　(2) 断層　(3) 震央
(4) ① **ウ**　② a…長い，b…長い

解説

1 (1) 中和では，酸の水素イオンとアルカリの水酸化物イオンが結びついて**水**ができる。

(2) 中和が起こるとき，酸の陰イオンとアルカリの陽イオンが結びついてできた物質を**塩**という。硫酸の陰イオンは硫酸イオン(SO_4^{2-})で，水酸化バリウムの陽イオンはバリウムイオン(Ba^{2+})なので，硫酸と水酸化バリウムの中和によってできる塩は硫酸バリウム($BaSO_4$)である。硫酸バリウムは**水にとけにくい白色の固体**なので，硫酸と水酸化バリウムが中和すると，生じる硫酸バリウムによって白い沈殿が見られる。

(3) 塩酸と水酸化ナトリウム水溶液が中和すると，塩として塩化ナトリウム(食塩)ができる。よって，実験3で，水を蒸発させたときに見られた塩は塩化ナトリウムである。塩化ナトリウムの結晶は立方体に近い形をしている。

(4) **ア**：水酸化ナトリウムを加える前で，まだ塩化水素が電離してできた塩化物イオンCl^-と水素イオンH^+しか存在しない。→**ウ**：塩化物イオンは変化しないが，加えた水酸化ナトリウム水溶液中の水酸化物イオンOH^-と水素イオンH^+が結びついて水H_2Oになるので，水素イオンH^+の数は減っている。→**エ**：塩酸と水酸化ナトリウム水溶液が過不足なく中和して中性になったときで，塩化物イオンCl^-とナトリウムイオンNa^+しか残っていない。→**イ**：過不足なく中和したあと，さらに水酸化ナトリウム水溶液を加えたときなので，反応できなかった水酸化物イオンOH^-が残っている。

2 (1) **ア**：胚珠がむき出しになっている裸子植物のなかまはBである。**イ**：太い根(主根)がなく，たくさんの細い根(ひげ根)がある単子葉類のなかまはDである。**ウ**：茎の断面を観察したときに維管束が輪のように並んでいる双子葉類のなかまはCである。**エ**：花弁の根もとがくっついている花をつける合弁花類のなかまはFなので正しい。

(2) めしべの柱頭(図2のI)におしべのやく(H)でつくられた花粉がつくことを受粉という。受粉が起こると，**子房**(K)が成長して**果実**となり，子房の中にある**胚珠**(J)が成長して**種子**となる。

3 (1) 電熱線に対して**並列**につないでいる**ア**が**電圧計**，**直列**につないでいる**イ**が**電流計**である。

(2) 縦軸に0Aから0.5Aまでが最大幅で入るように，5目盛り(太線の1目盛り)を0.1Aとした数値を入れる。次に，表のデータ(座標)の通りに点を打ち，点を直線で結ぶ。

(3) オームの法則より，

$$抵抗〔\Omega〕=\frac{電圧〔V〕}{電流〔A〕}=\frac{2.0\,V}{0.1\,A}=20\,\Omega$$

(4) 電熱線の両端に8.0Vの電圧を加えたときに0.4Aの電流が流れているので，

$$電力〔W〕=電圧〔V〕\times電流〔A〕=8.0\,V\times0.4\,A=3.2\,W$$

5分 = 300秒なので,

電力量〔J〕= 電力〔W〕× 時間〔s〕
= 3.2W × 300s
= 960J

(5) 並列回路では，どの部分にも電源の電圧と等しい電圧が加わっている。表より，電熱線の両端に4.0Vの電圧を加えたときに0.2Aの電流が流れている。2本の電熱線に0.2Aずつの電流が流れ，これが合流した電流が電流計に流れるので，電流計に流れる電流の大きさは,

0.2 + 0.2 = 0.4A

(6) 電流の合計が15Aになるときの消費電力は,

電力〔W〕= 電圧〔V〕× 電流〔A〕
= 100V × 15A
= 1500W

それぞれの消費電力の合計は,

ア：600 + 300 + 800 = 1700W
イ：600 + 300 + 200 = 1100W
ウ：600 + 300 + 650 = 1550W
エ：300 + 800 + 200 = 1300W
オ：800 + 200 + 650 = 1650W

1500Wをこえないのは**イ**と**エ**である。

4 (1) 太平洋プレートとフィリピン海プレートという海洋プレートが，それぞれ北アメリカプレートとユーラシアプレートという大陸プレートの下に沈みこむように少しずつ動いている。

(4) ① 地震が発生してから観測点にP波が届くまでにかかる時間は,

9時35分20秒
− 9時34分55秒 = 25秒

P波が届くまでに25秒かかる地点の震源(しんげん)からの距離(きょり)は150kmで，地震が発生してこの地点にS波が届くまでの時間は，図より47秒と読みとれるので，S波が届く時刻は,

9時34分55秒 + 47秒
= 9時35分42秒

② 初期微動継続時間(しょきびどうけいぞくじかん)は，震源からの距離におよそ比例する。

第2回 入試にチャレンジ

解答

1 (1) アンモニア
(2) 記号…**ア**，名称…肝臓
(3) ① **ア** ② **エ**

2 (1) 39％ (2) 温度…30℃，結晶…54g
(3) 電離 (4) Cl^-，NO_3^-

3 (1) **ウ** (2) **ウ** (3) **エ**

4 (1) 等速直線運動 (2) 30cm/s (3) **エ**
(4) 記号…**イ**，理由…おもりが床(ゆか)に着くまでは，おもりによって運動の向きに一定の大きさの力がはたらいているが，おもりが床に着いたあとは，その力がはたらかなくなるから。
(5) 台車にはたらく重力の斜面(しゃめん)に平行な分力が生じたため，おもりが床に着くまでは台車の速さのふえ方が小さくなり，おもりが床に着いたあとは台車の速さがだんだん遅くなった。

解説

1 (1)，(2) タンパク質が細胞の呼吸に使われると，有害な**アンモニア**が生じる。アンモニアは血液によって**肝臓**に運ばれ，害の少ない**尿素**(にょうそ)につくり変えられる。

(3) 肝臓でつくられた尿素は血液にとけこみ，静脈を通って心臓へ運ばれたあと，肺動脈→肺→肺静脈→心臓と通り，その後，動脈を通って**じん臓**に入る。じん臓まで運ばれてきた尿素は，余分な塩分や水分などとともにこし出されて尿の一部となり，体外へ排出される。したがって，じん臓から出ていく血液の中にふくまれている尿素の割合は，じん臓に入る血液の中にふくまれている尿素の割合より小さい。

2 (1) グラフより，40℃の水100gに，硝酸(しょうさん)

カリウムは約64gまでとけることができる。よって，40℃の硝酸カリウムの飽和水溶液の質量パーセント濃度は，

$$濃度〔\%〕=\frac{溶質の質量〔g〕}{水溶液の質量〔g〕}\times 100$$

$$=\frac{溶質の質量〔g〕}{水の質量〔g〕+溶質の質量〔g〕}\times 100$$

$$=\frac{64\,g}{100\,g+64\,g}\times 100$$

$= 39.0\cdots \rightarrow 39\,\%$

(2) グラフより，塩化ナトリウムの溶解度が36gになるときの温度は30℃である。よって，30℃までは塩化ナトリウムの結晶は出てこない。また，80℃の水溶液に硝酸カリウム36gを加えているので，温度を下げる前に水溶液にとけていた硝酸カリウムの質量は，

$64 + 36 = 100$ g

グラフより，30℃のときの硝酸カリウムの溶解度は約46gなので，温度を30℃まで下げたときにとけきれなくなって出てくる硝酸カリウムの結晶の質量は，

$100 - 46 = 54$ g

(4) 硝酸カリウムKNO_3を水にとかすとカリウムイオンK^+と硝酸イオンNO_3^-に電離する。

$KNO_3 \longrightarrow K^+ + NO_3^-$

塩化ナトリウム$NaCl$を水にとかすとナトリウムイオンNa^+と塩化物イオンCl^-に電離する。

$NaCl \longrightarrow Na^+ + Cl^-$

3 (1) 下の図のように，午後6時ごろ，南の空にペガスス座が見えるのは，地球がCの位置にあるときである。

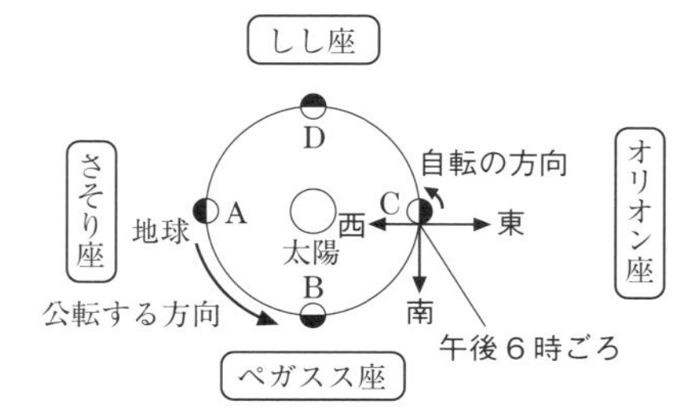

(2) 次の図のように，地球がCの位置にあるとき，真夜中の真南の空にはオリオン座が観察できる。

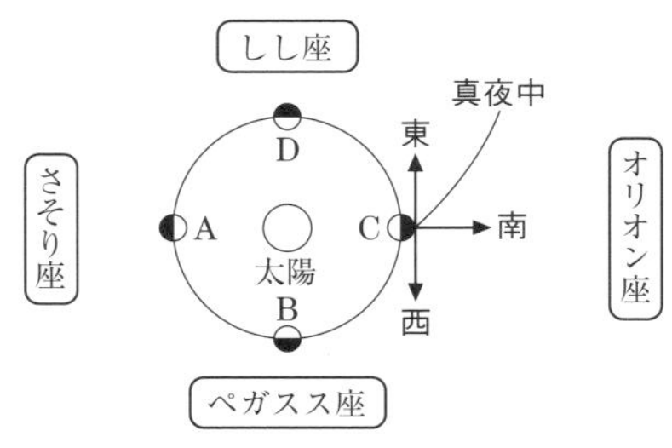

4 (1) テープg～jを記録している間，テープの長さがすべて18.0cmなので，速さが一定であったことがわかる。

(2) テープ1本分を記録する時間は，

$$\frac{1}{60}s\times 6=\frac{6}{60}=\frac{1}{10}=0.1s$$

よって，手を離（はな）してから0.2秒までに台車が移動した距離（きょり）は，テープa，bの2本を記録した長さなので，

$1.5 + 4.5 = 6.0$ cm

したがって，平均の速さは，

$$速さ=\frac{距離〔cm〕}{時間〔s〕}$$

$$=\frac{6.0\,cm}{0.2\,s}=30.0\,cm/s$$

(3) テープaからfまでは3.0cmずつ長くなっていて，gからあとは18cmのまま長さが変わっていないので，テープfの終わりの点（テープgの始まりの点）を打点した瞬間におもりが床に着いたと考えられる。したがって，手を離したとき，おもりの床からの高さは，

$1.5 + 4.5 + 7.5 + 10.5 + 13.5 + 16.5 = 54$ cm

(4) おもりが床（ゆか）に着くまでは，おもりにはたらく重力と同じ大きさの力が台車に対して運動の向きにはたらいているが，おもりが床に着くと台車に対して運動の向きに力がはたらかなくなるので，台車が等速直線運動をするようになる。

(5) 台車にはたらく重力の斜面方向の分力が，台車の運動の向きと反対向きにはたらき続けるので，おもりが床に着くまでの台車の速さの変化は小さくなり，おもりが床に着いたあとは台車に対して運動の向きにはたらく力がなくなるので，台車の速さは遅くなっていく。